スマトラ島沖地震直後の海底で認められた割れ目と崩落現場。海底に巨大な力が加わったことがわかる。海洋研究開発機構「ドルフィン3K」による海底写真で、範囲はおよそ10m。
いったいなぜこのようなことが起こったのか？

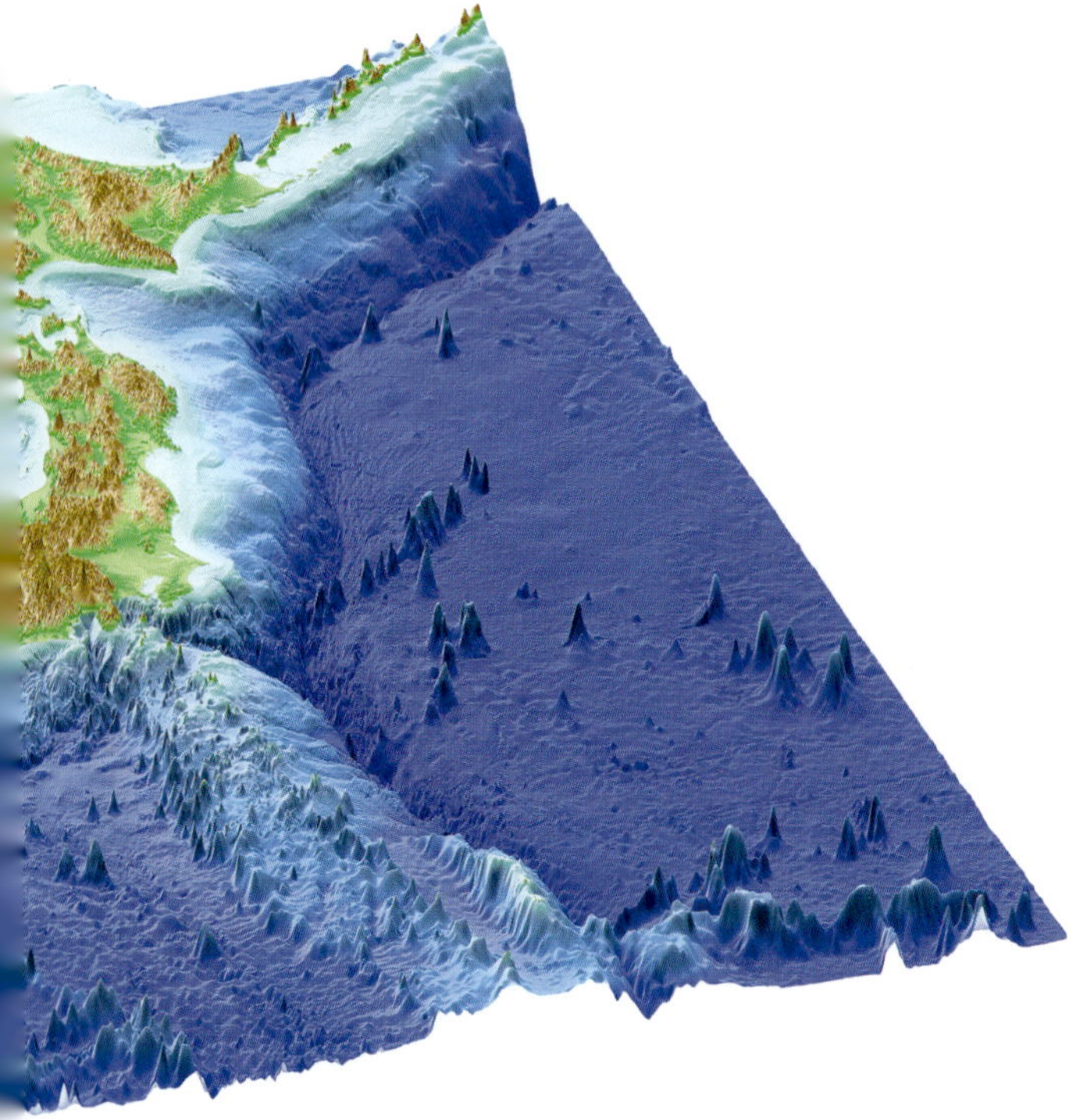

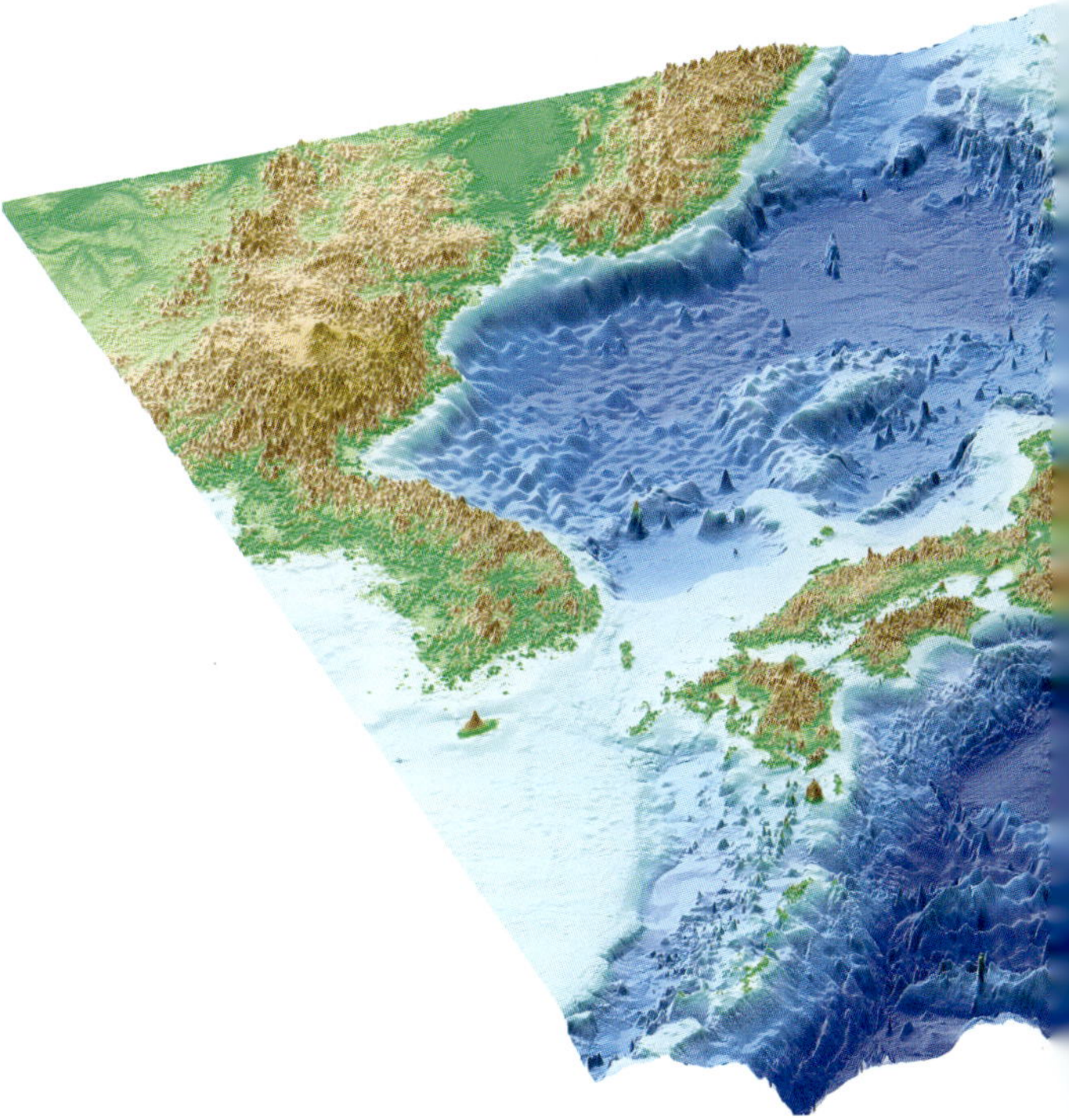

日本列島周辺の海底地形。日本周辺は太平洋側に海溝があり、大陸との間に海盆（日本海）が発達している

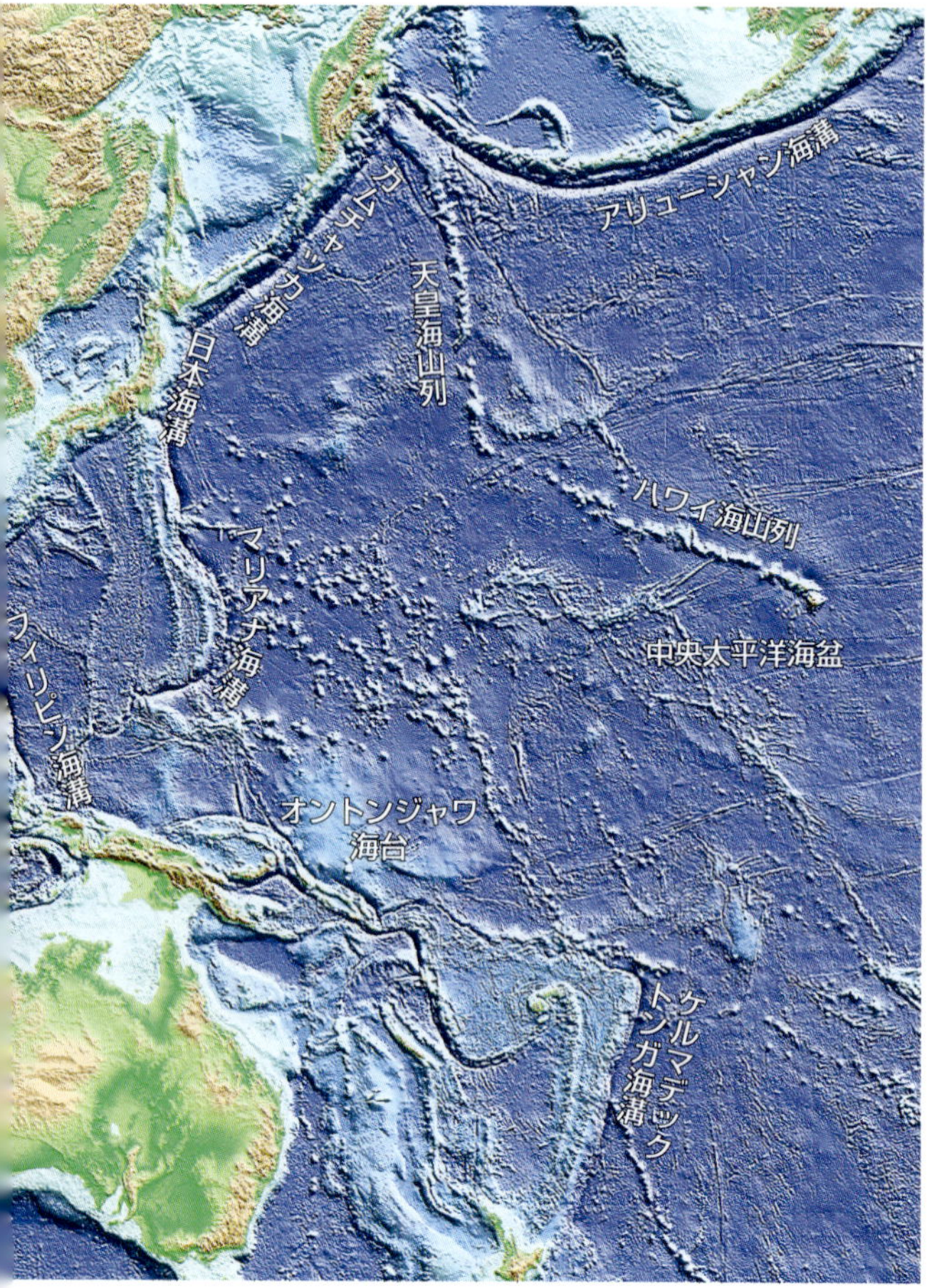


スポットによって作られた海山列。オントンジャワ海台は地球上最大の火山体である

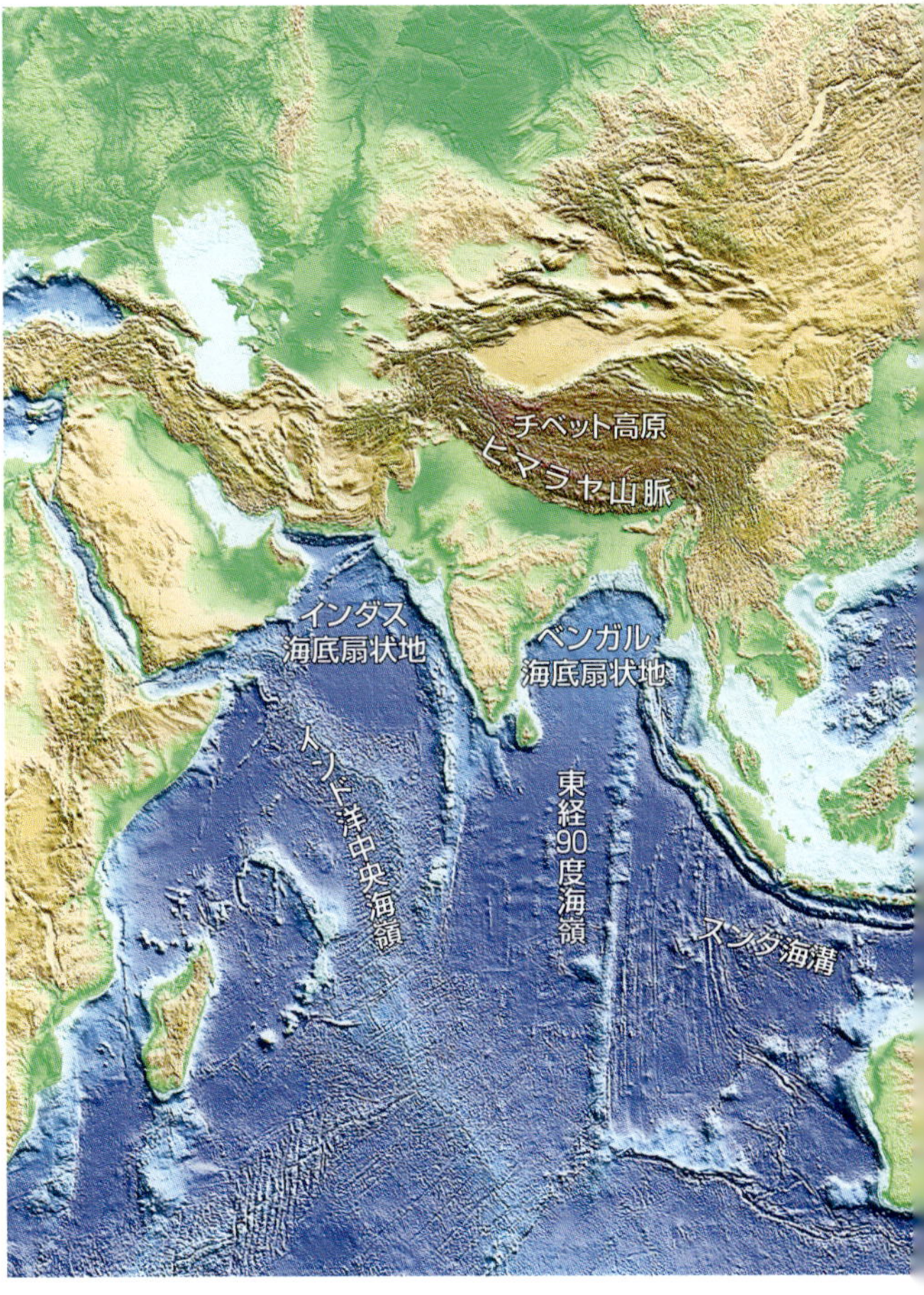


西太平洋とインド洋の海底地形。ハワイ海山列、天皇海山列、東経90度海嶺はホット

①「ちきゅう」の進水式（2002年1月18日）。2005年7月に完工。人類未踏のマントルを目指して地球を掘る

②「ちきゅう」全容。中央部の「やぐら」の高さは船底から130m。日本のどの橋の下もくぐれない

③四万十帯の褶曲した地層。なぜこのような地形が生まれたのか。日本列島誕生の謎を解く鍵がここにあった。写真中央のスケール用のハンマーの長さは30cm。平朝彦撮影。和歌山県周参見海岸

④溶岩が海底で噴出し急冷して積み重なった「枕状溶岩」。藤岡換太郎提供。ハワイ島南方沖、ロイヒ海山頂上付近

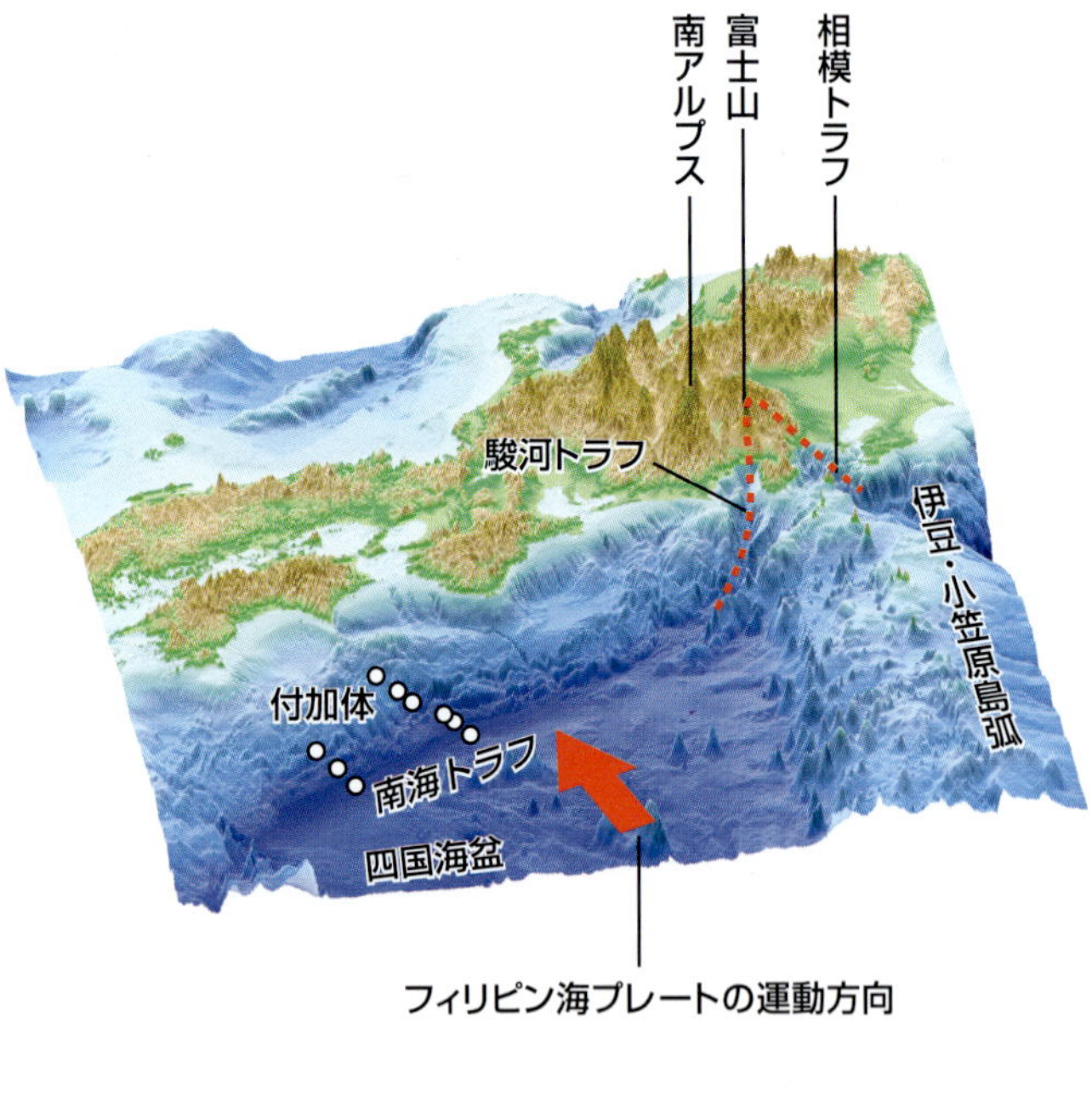


⑤南海トラフの地形。四国海盆の沈み込みによって堆積物がはぎとられた付加体ができている。○は国際深海掘削計画の掘削地点。
- - - - -は伊豆・小笠原島弧と本州の衝突境界

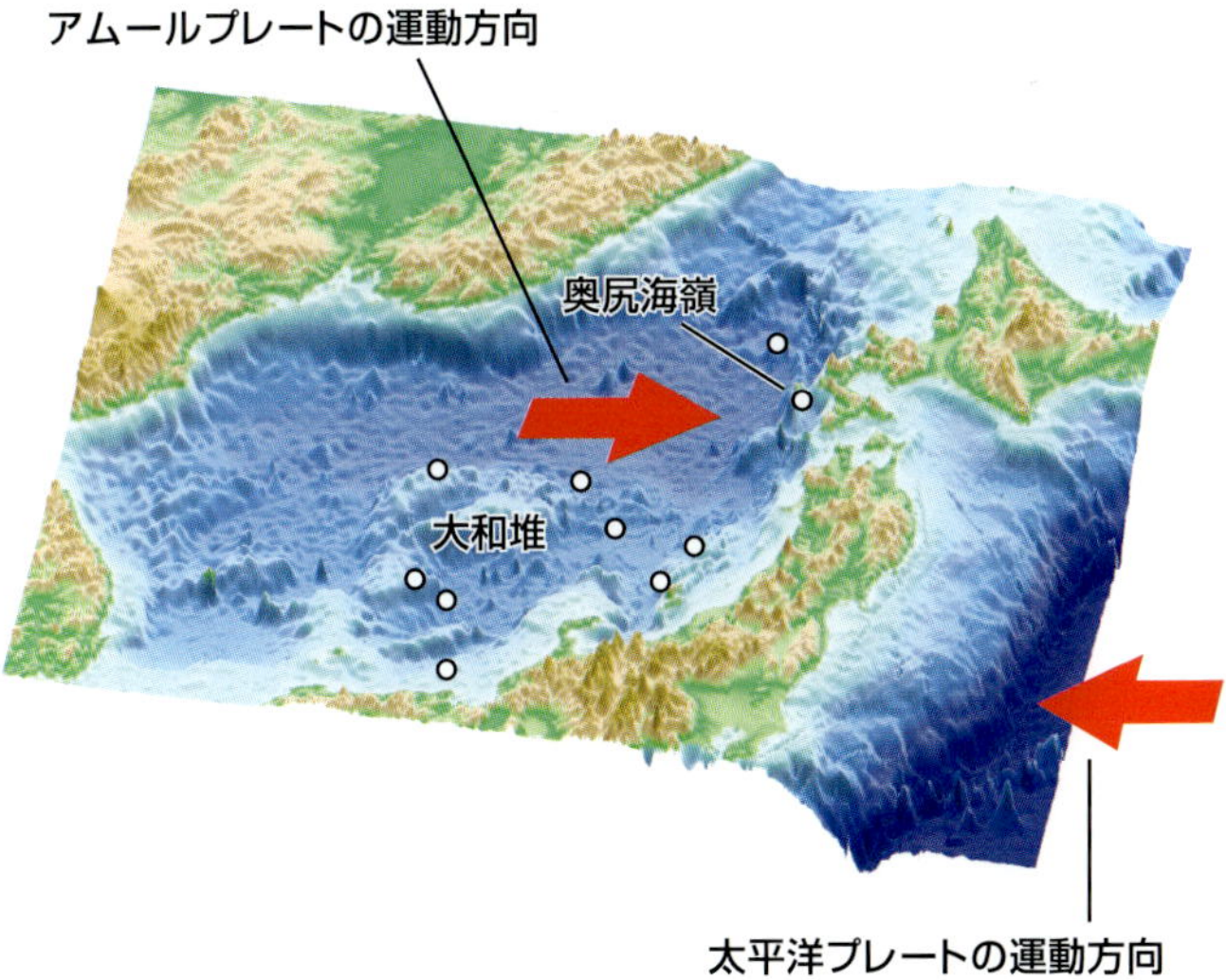


⑥奥尻海嶺。日本海の海底と東北日本が衝突してできた。図の○は国際深海掘削計画の掘削地点を示す

⑦月面からみた「青い地球」。NASA提供

⑧バイオスフェアⅡ計画の閉鎖型温室。大気中の酸素が減ってくるという予想外の出来事の原因は……。http://www.bio2.edu/より

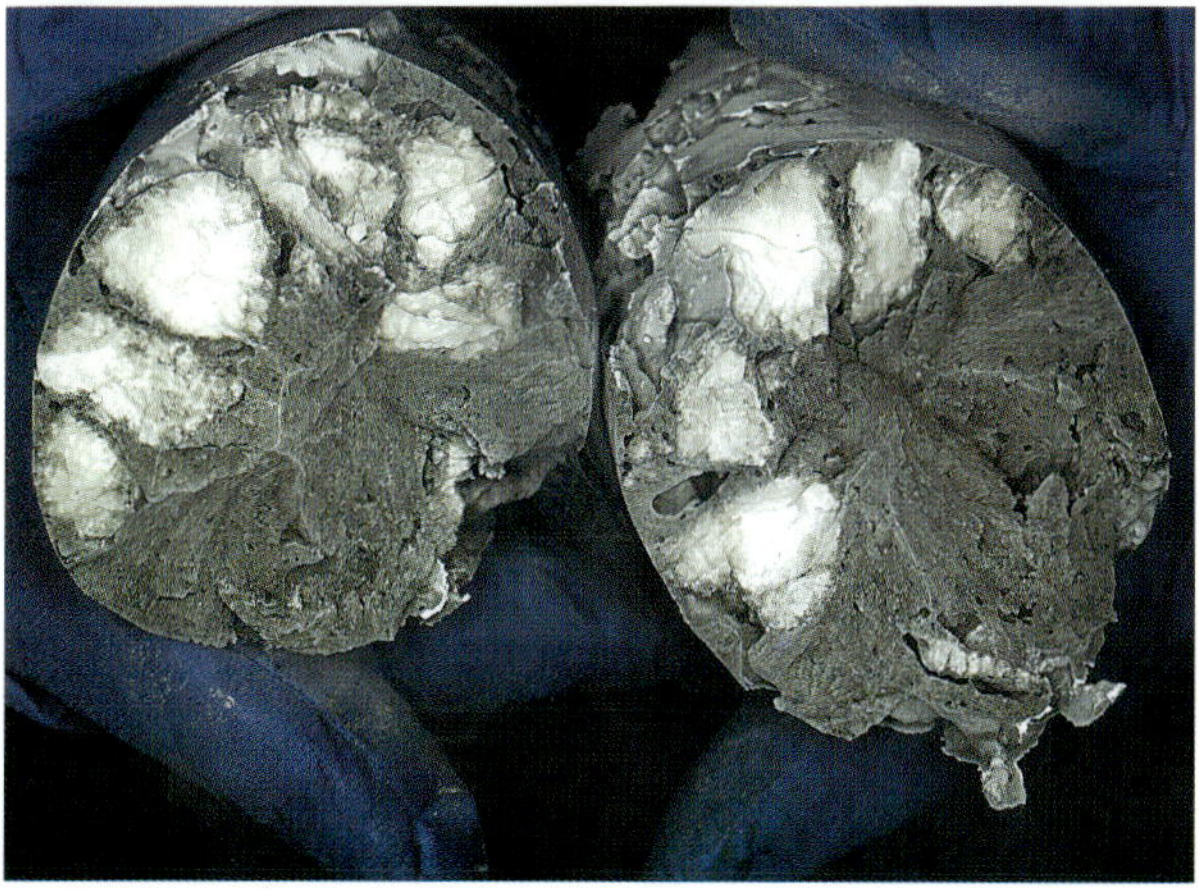

⑨メタンがシャーベット状になった「メタンハイドレート」(白い部分)。急激な地球温暖化の原因にも……。ODP提供

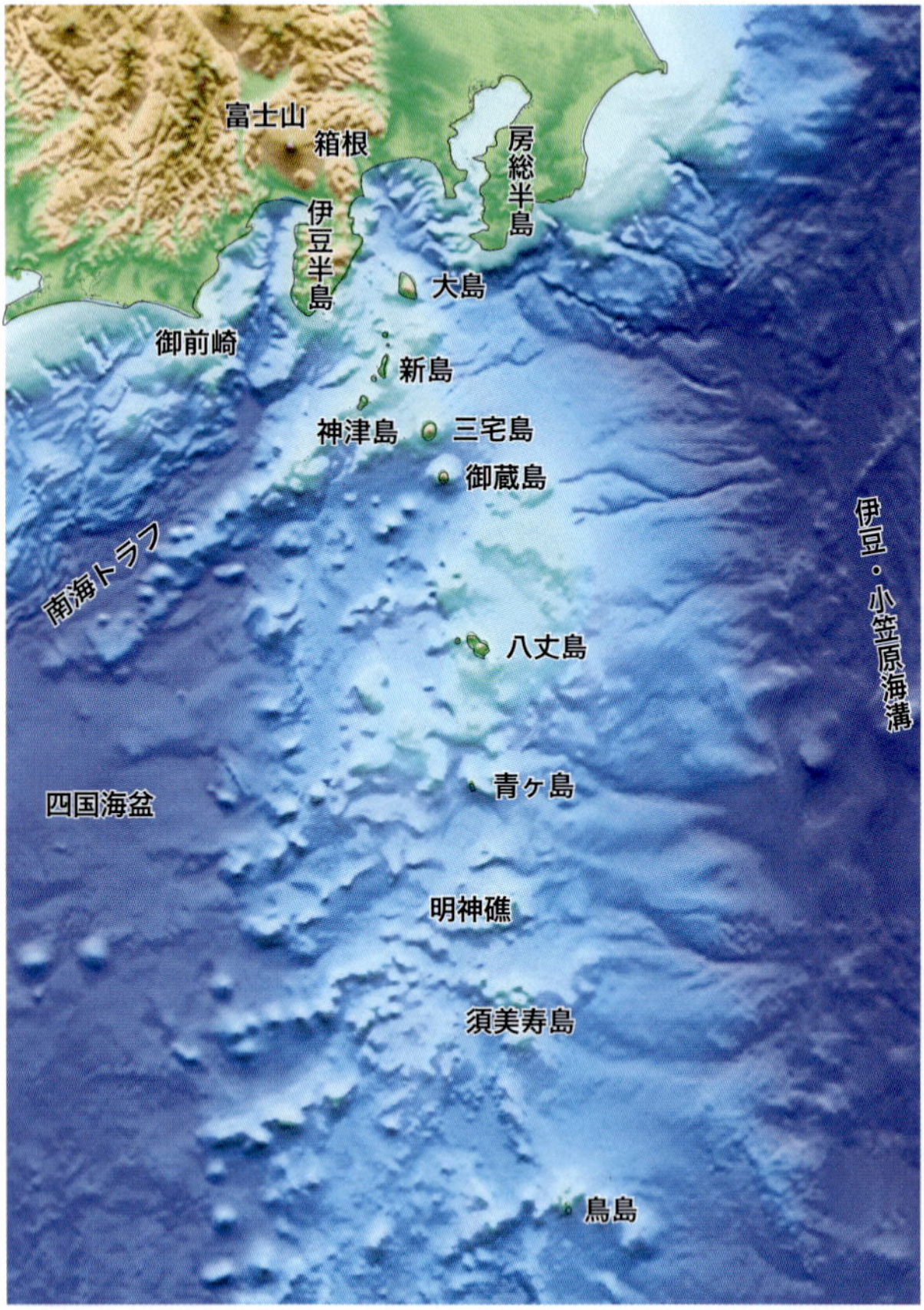


⑩伊豆－小笠原－マリアナ島弧。これらの島々はプレートの沈み込みによって作られた火山列島である

# 地球の内部で何が起こっているのか?

平朝彦　徐垣　末廣潔　木下肇

光文社新書

# 目次

本書を我が国における深海掘削の創始者、東京大学名誉教授、
奈須紀幸先生に捧げる。そして、次代を担う若者に贈る。

# はじめに

## なぜ大津波は起きたのか

二〇〇四年一二月二六日、スマトラ島北西沖においてM（マグニチュード）九の地震が発生した。スマトラ島北端の町バンダアチェにおいては、公開されたビデオ画像をみる限り、地震動はそれほど激しいものではない。数分間比較的ゆっくりした揺れが続き、道端に集まっていた人が座り込んで不安そうにしている様子が印象的であった。

しかしこの時、海底では恐るべきことが起こっていた。スマトラ島北西部からニコバル諸島、アンダマン諸島にかけて、一〇〇〇kmにもわたって南北方向に延びる海底の断層が動いたのである。

この断層運動は海水を動かし、巨大な津波がインド洋全域に広がっていった。津波は海岸の低地帯を飲み込み、最大四六m以上の高さまで斜面を駆け上がっていった。バンダアチェでは、町が破壊され、瓦礫《がれき》が濁流となり、凄まじい勢いで人々を襲った。犠牲者は三〇万人を超すと推定され、未曾有の大津波災害となった。

独立行政法人海洋研究開発機構では、二〇〇五年一月から二カ月にわたって、調査船「なつしま」と無人海底探査機「ドルフィン3K」を現地に派遣し、海底の地形と余震の探査を行った。海底では巨大な割れ目が発見された（口絵一ページ参照）。なぜ、このような津波がこの場所で発生したのか、津波の警報を出すことはできなかったのかなど、さまざまな議論が起こり、津波警報システムについての国際的な取り組みも始まった。

これらの議論の論点は、次のように集約できる。すなわち、私たちはまだ、この地球の活動について十分に理解しておらず、地球の活動に対して人間社会がどのような対応をすべきか、その指針はまだ脆弱《ぜいじゃく》である、と。これは地震や津波だけではなく、地球温暖化や砂漠化などの環境問題についても同様である。

今回の大災害は、地球をよりよく知るということの大切さを、世界中に喚起した出来事であったと言ってよい。

**地球深部探査船「ちきゅう」の誕生**

スマトラ沖地震より、ほぼ三年前の二〇〇二年一月一八日、岡山県玉野市の三井造船株式会社玉野事業所において、長さ二一〇m、重さ五万七五〇〇tに達する巨大な船体が、人々の歓声の中、ゆっくりと瀬戸内海に進水した（口絵①参照）。

進水式に先立ち、船の命名式が行われ「ちきゅう」と名付けられた。式典には、紀宮清子内親王殿下のご臨席も仰ぎ、船を支えているロープの切断を挙行された。「ちきゅう」という船名は約二万名の応募から採用されたものであり、命名者を代表して、式には東京都の小学生の山田光輔君（当時五年生）も出席した。

船にエンジンや発電機などの取り付けを行った後、「ちきゅう」は、二〇〇三年七月に自走して三菱重工業長崎造船所へ回航された。

同年九月、大きなクレーン船が、造船所ドック前に姿を現した。クレーン船は二日間かけて、高さ七〇mの「やぐら」を船の中央部に搭載した。船底から「やぐら」の頂上までの高さは、実に一三〇mとなる（口絵②参照）。実際、「ちきゅう」は高すぎて、我が国のどの橋の下もくぐることができない。同船は二〇〇五年七月に完工する予定である。

「ちきゅう」は海洋研究開発機構（旧海洋科学技術センター）が所有し、深海底から地球内部を掘削（ボーリング）して、さまざまな科学研究を行うために造られた世界最大の掘削研究船である。したがって我々はこれを地球深部探査船と呼んでおり、水深数千mの海底から、さらに地下七〇〇〇mの深さまで岩盤を掘削できる能力を有している。

採集された岩石は直《ただ》ちに船上において分析される。また掘削した孔《あな》を用いてさまざまな地下深部の観測が可能となる。まさに海に浮かぶ研究所である。

「ちきゅう」の建造は、地球科学や生命科学の歴史にとって画期的な出来事であると言ってよい。これによって、私たちは、人類未踏の地球深部、すなわち巨大地震の発生する領域や地球内部の大部分をしめるマントルと呼ばれる岩石圏へ到達することができる。

それではなぜ今、「ちきゅう」は建造されているのだろうか。深海掘削とはどのような技術で、その科学目標はどのようなものなのだろうか。「ちきゅう」は、私たちの社会や世界の人々に何をもたらすのだろうか。

本書は、できるだけ多くの方々に地球に関する科学の現状と、「ちきゅう」を用いた新しい深海掘削計画について知っていただきたいと思い執筆した。計画は今、始まったばかりであり、成果はこれから続々と発表される。それを待たずに、本書を書いたのは、この計画が、おそらく我が国が初めて主導的に実施する大型の国際共同研究だからであり、ここに至る道程そのものが地球科学の歩みそのものであり、興味深い物語を含んでいると考えたからである。

著者の一人、平は二五年以上にわたり、深海掘削と関わってきた。そのことによって、日本列島の形成過程、大陸の進化や地球の歴史などの研究に目覚めていった。徐も深海掘削に関わり、プレートの衝突現象を中心に研究を進め、地球環境の変遷にも目を向けてきた。末廣は日本海や日本海溝の掘削を推進、また孔内長期観測で世界をリードしてきた。木下は海洋地殻の磁気的性質の研究を進め、また「ちきゅう」の建造から運用まで中心的な役割を果たしてきた。

この本は、私たちの経験してきたことを基礎に、新しい深海掘削計画の全体像とそれをとりまく地球・生命科学の現状を描き出すことを目的としている。

新しい深海掘削計画は、多数の人々の絶え間ない努力でここまで進んできた。この本には、インタビュー記事として、ほんの一握りではあるが、歴史の当事者であった方々、今、歴史を作ろうとしている方々、これから羽ばたこうとしている方々に登場していただき、生の声を収録した。本文と合わせて、計画の全容を理解する一助となると考えたためである。なお、ここで紹介した研究者の敬称は省略させていただいた。

本書では巻末に用語集をつけ、用語によっては対応する英語も付記した。高校生や大学生の学習にも配慮したつもりである。また、図の出典一覧も巻末につけた。

本書を執筆出版するにあたって、多くの方々の協力をいただいた。まず、海洋研究開発機構の杉山真人、相沢千恵子、笹山岳大、清水恭子、川上理恵、山本富士夫氏には原稿の整理、図面の作成などで全面的な協力をいただいた。同機構の堀田平、鈴木宇耕、山西恒義、田中武男、高川真一、網谷泰孝、伊藤久男、佐賀肇、田代省三、黒木一志、川村善久、長谷部喜八、小林照明、倉本真一氏には原稿にコメントしていただいた。また、東京大学海洋研究所の金原富子氏にも図面の作成に協力していただいた。光文社の三宅貴久氏には原稿の最終的なまとめで大いにお世話になった。これらの方々に深く感謝します。

「ちきゅう」の建造と統合国際深海掘削計画（ＩＯＤＰ）の立ち上げは、実に多くの方々の尽力と熱意によって可能となった。この間、著者らの寄与は、ほんの微々たるものであり、地球科学を推進してきた国内外の研究者、困難な開発に立ち向かった技術者、難しい局面や財政状況を切り開いてきた行政に関わる人々、そして、このプロジェクトの立ち上げからここまでを牽引してきた海洋研究開発機構の多くの方々の努力こそが、称賛されるべきである。紙面の都合上、その方々の名前を列記することはできないが、深く感謝の気持ちを表したい。

# 第一章　プレートテクトニクスの創造——深海掘削計画の働き

## 一―1　大陸移動説から海洋底拡大説へ

### ウェゲナーの大胆な仮説

一九一〇年代、ドイツの気候学者アルフレッド・ウェゲナー（Alfred Wegener）は、大西洋を挟んで東西の大陸の海岸線（主にアフリカ西岸と南アメリカ東岸）が、ちょうどジグソーパズルのピースのように互いにぴったりくっつくことに気が付いた。さらにオーストラリア、南極など他の大陸についても、うまく合わせると、すべての大陸があたかも一つの大きな大陸に合体できることを見出《みいだ》した。

すでにこの頃までに、大陸内部の地質を調査していた地質学者は、古生代の石炭紀から二畳紀にかけて（約三億年前～二億五〇〇〇万年前。地質時代については表1を参照）、アフリカ、南アメリカ、オーストラリアにおいて大陸氷河が発達した証拠を発見していた。すなわち、氷河によって作られた岩盤表面の削り跡や氷河の運んだ礫《れき》から構成される類似の地層が、それぞれの大陸に分布することが知られていたのである。ウェゲナーはこれに注目し、昔、大陸が一つであったと仮定すれば、これらの地層の分布が、ひと続きの大きな氷

| | 地質時代 | | | 年代(年前) | 日本の地質と化石 | 主な出来事 |
|---|---|---|---|---|---|---|
| 新世代 | 第四紀 | | 完新世 | 1万 | | |
| | | | 更新世 | 180万 | ナウマン象 | 氷河時代 |
| | 第三紀 | 新第三紀 | 鮮新世 | | 東西方向の圧縮による地形の形成 | アルプス・ヒマラヤ山脈の形成 |
| | | | 中新世 | 2400万 | ビカリヤ(巻貝)<br>黒鉱鉱床<br>日本海の拡大 | |
| | | 古第三紀 | 漸新世 | | 日高山脈の形成 | 南極氷床の形成 |
| | | | 始新世 | | 貨幣石(大型有孔虫) | |
| | | | 暁新世 | 6500万 | 四万十帯の形成 | 隕石の衝突 |
| 中生代 | 白亜紀 | | | 1億4300万 | アンモナイト／フタバスズキ竜<br>四万十帯の形成 | 超温暖化の時代と巨大海台 |
| | ジュラ紀 | | | 2億1200万 | 日本列島の土台の付加<br>魚竜 | 恐竜の繁栄 |
| | 三畳紀(トリアス紀) | | | 2億4700万 | コノドント | パンゲアの分裂 |
| 古生代 | 二畳紀(ペルム紀) | | | 2億8900万 | 紡錘虫 | |
| | 石炭紀 | | | 3億6700万 | サンゴ<br>秋吉台石灰岩(海山) | 大陸氷河の発達<br>パンゲア超大陸<br>シダ植物の発展 |
| | デボン紀 | | | 4億1600万 | 鱗木 | 陸上動物の出現 |
| | シルル紀 | | | 4億6400万 | クサリサンゴ・三葉虫 | |
| | オルドビス紀 | | | 5億 900万 | 日本列島の最古の地層 | アパラチア山脈の形成 |
| | カンブリア紀 | | | 5億7500万 | | 多様な生物の発生 |
| 先カンブリア時代 | 原生代 | | | 25億 | 日本列島の最古の岩石(堆積岩中の礫) | 全球凍結<br>生命の爆発 |
| | 太古代 | | | 35億<br>46億 | | 最初の大陸<br>シアノバクテリアの誕生<br>地球誕生 |

表1　地質時代年表

床の存在（たとえば現在の南極大陸のような例）によってうまく説明できると考えた（図1－1）。

さらに彼は、地層から掘り出された化石の類似性にも注目し、たとえば、アフリカ大陸と南アメリカ大陸は、古生代から中生代の初めまで、両生類の仲間や植物化石などにおいて多くの類似した固有の化石を産出するが、それ以降の時代になると類似性が著しく低下することを発見した。

このことは、アフリカ大陸と南アメリカ大陸は、古生代を通じて一体であったが、中生代の中頃（約二億年前）には分離し、動物や植物の進化が別々に起こったことを示していた。

このようにしてウェゲナーは、古生代後半に一つの超大陸（パンゲア）が地球に存在し、その後それらが分裂移動して現在のように分かれたと考えた。この考えを大陸移動説（以下、本文中の太字部分については、巻末に用語解説あり）と呼び、これを学会に発表した。

しかし当時、この考えはあまりに先駆的であり、また、その時代の科学水準では、大陸移動の原動力が説明できなかった。大陸移動説は、学会での主流な学説とはならず、時とともに次第に忘れ去られていったのである。

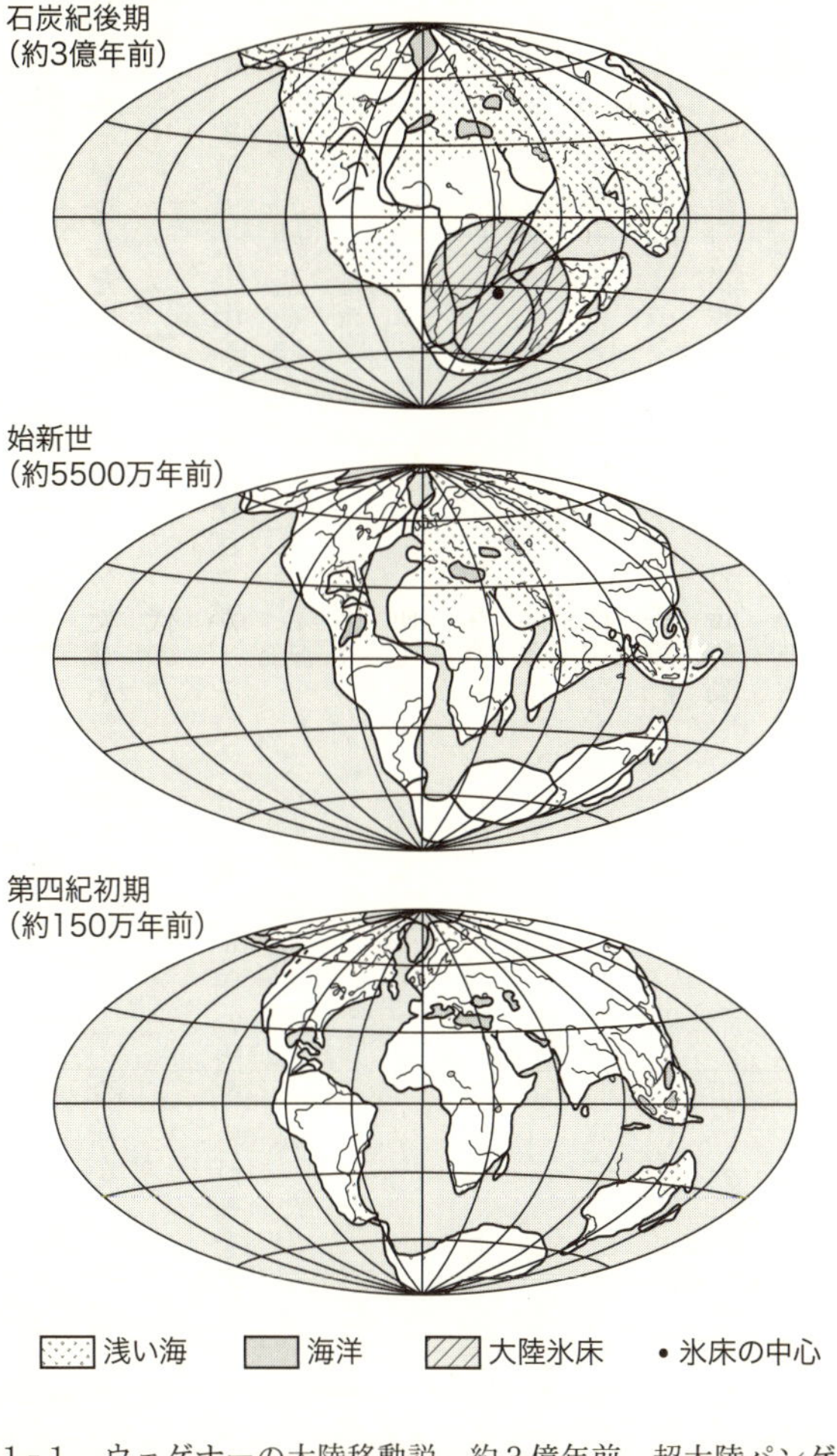


図1-1　ウェゲナーの大陸移動説。約3億年前、超大陸パンゲアが存在し、それが分裂して現在の大陸配置となったとする考え

## 海底探査から大陸移動説が復活

大陸移動説が予想もしない形で復活するのは、調査技術の革新が起こってからである。主役として登場したのは、それまでスポットライトを浴びることの少なかった深海底の研究であった。

第二次世界大戦中から引き続き、アメリカでは、音波を用いた軍事技術を応用し、海底地形や海底下の構造を探査する研究が推進されていた。研究の中心となったのが、コロンビア大学ラモント地質研究所のモーリス・ユーイング（Maurice Ewing）の率いるグループであった。

船から海底に向かって音波を発信すると、それは「こだま」のように海底で反射して戻ってくる。したがって、発信から受信までの往復時間を正確に測定すれば、海の深さ（水深）がわかる。音波が海中を伝わる速度は約一五〇〇m／秒なので、仮に往復四秒で音波が返ってくれば、水深は三〇〇〇mである。この方法を音響測深と呼んでいる。

戦後、音響測深の技術が進み、海底の地形の正確な姿が次第に明らかになってきた。その結果、大西洋の真ん中に高くそびえる雄大な海底山脈の存在がわかってきた。この高まりは、**大西洋中央海嶺《かいれい》**と名付けられた。

さらにユーイングらは、大西洋中央海嶺において地質構造の探査を行った。船尾より曳航《えいこう》したエアガンという装置を使い、高圧の空気を海中へ一気に放出することで、大きな音を発生させる。発生した音波は、波長が長く、十分に大きなエネルギーを持っているので、海底で反射するだけでなく、さらに海底下の地層へと伝わってゆく。地層に伝わった音波は、異なる岩石層の境界面で反射して戻ってくる。これを受信して解析すれば、地層の厚さや褶曲《しゅうきょく》、断層などの地質構造を調べることができる。

エアガンから発信される音波は、地震の縦波（物体が圧縮されたり引き伸ばされたりする波動。弾性波とも呼ぶ）と同じ性質を持っているので、これを**反射法地震波探査**と呼んでいる。

反射法地震波探査の結果、大西洋では、中央海嶺の中軸部を挟んで両側に対称形をなす地質構造の存在が明らかになった。すなわち、中軸部においては海底にはごつごつした岩石が露出しており、これを覆う堆積物《たいせきぶつ》がほとんど認められない。一方、海嶺中軸部から離れるにしたがって、海底には堆積物が蓄積している様子が読み取れたのである（図1－2の拡大図）。

陸から遠く離れている大西洋中央部の海底には、主にプランクトンの遺骸などが時間をかけて雪のように降り積もる。したがって、中央海嶺の中軸部のように堆積物がほとんど認められないところは、海底ができてから時間があまり経っていないこと、中軸部から離れるにつれて両側で地層が厚くなっているということは、海底のできた年代が中軸部から離れるほど古いということを示している。ここに、「海洋底は中央海嶺で誕生し、両側へと広がっている」との考えが誕生した。これを**海洋底拡大説**と呼ぶ。

## 海洋底拡大説の証明

一九六〇年代に入ると、海洋底拡大説はさらに大きな進展をみせた。

たとえば、中央海嶺と呼ばれる海底の高まりは、実は海底の活火山が地球をぐるりと取り巻くようにして連なる大山脈であることが明らかにされた。

とりわけ、「中央海嶺の中軸部では、地下から噴出する玄武岩《げんぶがん》質マグマが冷え固まり、これが海洋底を形成し、その上に堆積物を少しずつ堆積させながら横方向へ移動し、最終的には海溝に沈み込み、マントルに消える」というハリー・ヘス（Harry Hess）やロバート・ディーツ（Robert Dietz）の考えは、それまでの地球観を大きく塗り替えるようなものであった（図1－2）。

この考えをめぐって学界は高揚期を迎え、世界中の研究者が海洋底拡大説の妥当性についい

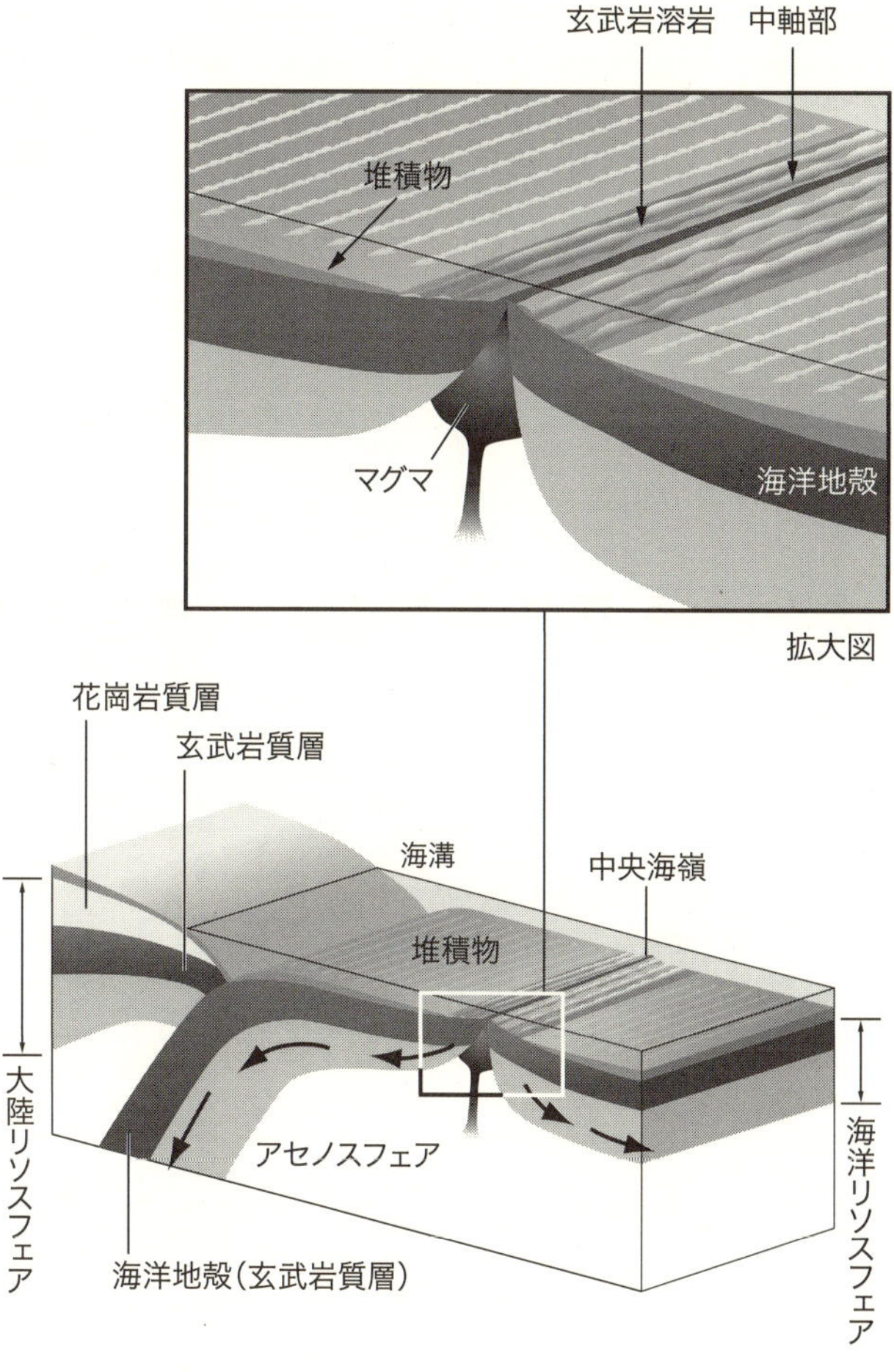
玄武岩溶岩
中軸部
堆積物
マグマ
海洋地殻
拡大図
花崗岩質層
玄武岩質層
海溝
中央海嶺
堆積物
大陸リソスフェア
アセノスフェア
海洋リソスフェア
海洋地殻(玄武岩質層)

図１－２　海洋底拡大説

て議論を続けた。

その結果、直接的な検証の方法として、ユーイングの調べた大西洋中央海嶺を例として、海底を掘削(ボーリング)し、海嶺から離れるにしたがって海底の年代が古くなること(すなわち、海底を造った火山岩の直上に堆積する堆積層の年代を測定すること)、そして、その下の海底の岩盤(堆積物の下の火山岩の層)が、マグマの固まった玄武岩溶岩から成り立っていることを証明すればよいとの提案がなされた。

その提案に沿って、深海から直接岩石や堆積物を採取する計画が米国を中心として立案された。この計画は、数年の暫定期間をおき、一九六八年より深海掘削計画(DSDP=Deep Sea Drilling Project)として発足し、世界の研究者が注目するなか、大西洋底の掘削が実施されたのである。

掘削結果は、海洋底拡大説を見事に実証した。海嶺からの距離と海底の形成年代は、比例関係を示したのである(図1-3)。海洋底は年間四cmほどの速度で両側へと拡大していた。これによりアフリカ大陸と南アメリカ大陸の分裂もまた証明された。この成果は、二〇世紀における最大の科学的発見の一つであったと言ってよい。

しかしながら、それを可能にした深海掘削計画の誕生までの道程は、決して平坦なもので

(a)

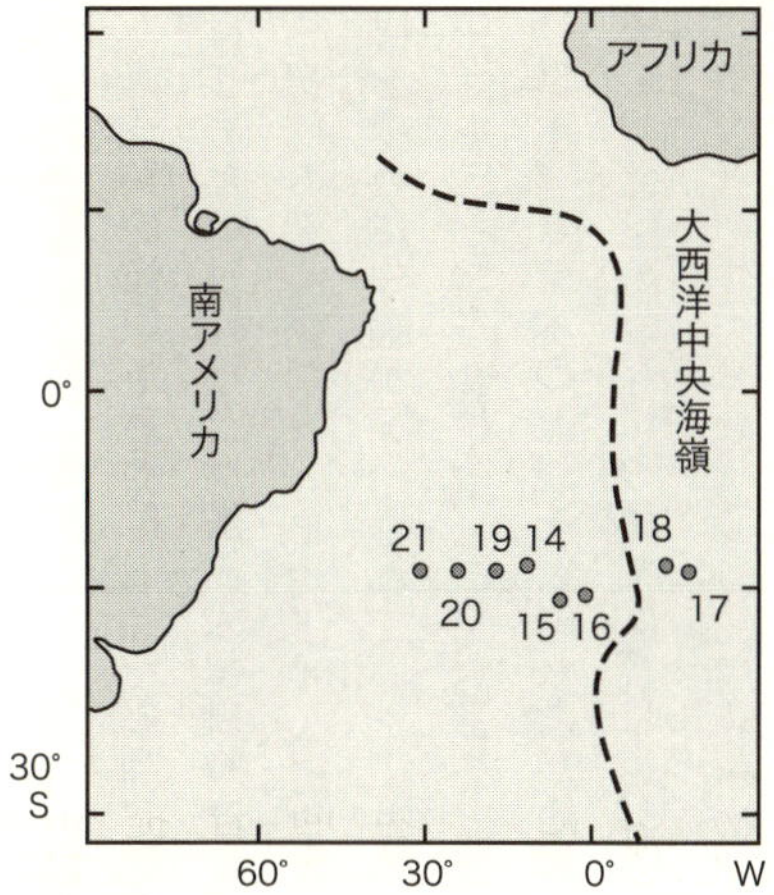


(b)

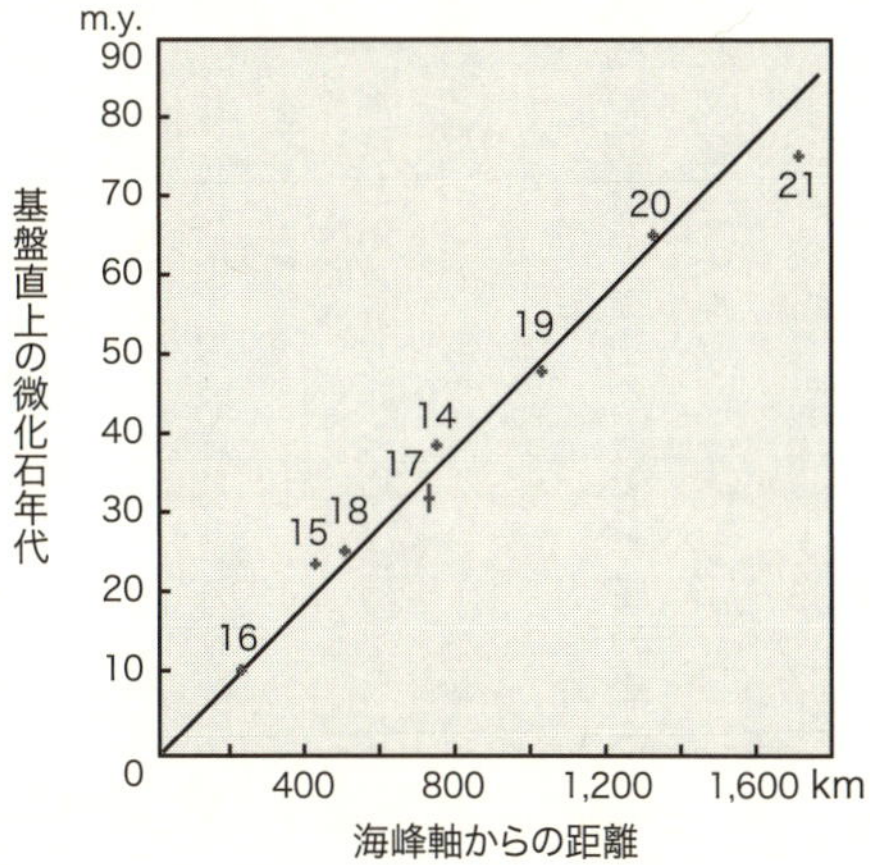


図1-3　大西洋中央海嶺における深海掘削の成果。数字は掘削地点の番号を示す

はなかった。

## 一―2　モホール計画

### サンゴ礁の掘削

人類が深海底から地球内部を掘削し、直接、岩石試料を採取するという夢を具体的に描きはじめたのは、第二次世界大戦以降である。

初期の深海掘削は「モホール（Mohole）計画」という名前で呼ばれ、一九五〇年代に米国を中心に議論が開始されていた。この事情については、ウィラード・バスコム（Willard Bascom）の書（章末の参考文献を参照）に詳しい。

以下、この本の記述を要約しながら深海掘削の初期の歴史をたどってみよう。「モホール」という言葉の意味については後に述べることにする。

科学的な目的で地下に掘削を行うという考えは、一〇〇年以上前に遡《さかのぼ》ることができる。最初の目的の一つは、進化論で有名なチャールズ・ダーウィン（Charles Darwin）が唱えた「**サンゴ礁沈降形成説**」を立証することであった。

ビーグル号によって世界各地を探検したダーウィンは、赤道太平洋に分布するサンゴ礁がさまざまな形態を示すことに気が付いた。たとえば、火山島の周りを取り巻くように分布するもの（裾礁《きょしょう》）や、火山島が存在せずサンゴ礁がリング状をなしているもの（環礁《かんしょう》）である。

ダーウィンは、これらの成因として、「海底にそびえ立つ火山島が徐々に沈降することで、多様なサンゴ礁の形態が説明できる」とするサンゴ礁沈降形成説を提案した（図1－4）。もし、この考えが正しいとするならば、太平洋には環礁が多数存在するので、火山島の沈降は地球規模の事件と考えられる。

多数の火山島が沈降する原因について、広域にわたって海底が沈降するのか、あるいは海面が上昇するのか、あるいはその両方が起こるのか、議論が沸騰した。いずれにせよダーウィンの仮説を立証することが先決である。では、どのようにして立証すればよいのか。証拠としては、図1－4のように環礁の地下に沈降した火山島がみつかればよい。

イギリスの王立協会は、一八九七年に南西太平洋のフナフチ環礁において、三五〇mの掘削を行った。しかし、その掘削では、沈降した火山島の岩石（火山岩）を得ることはできな

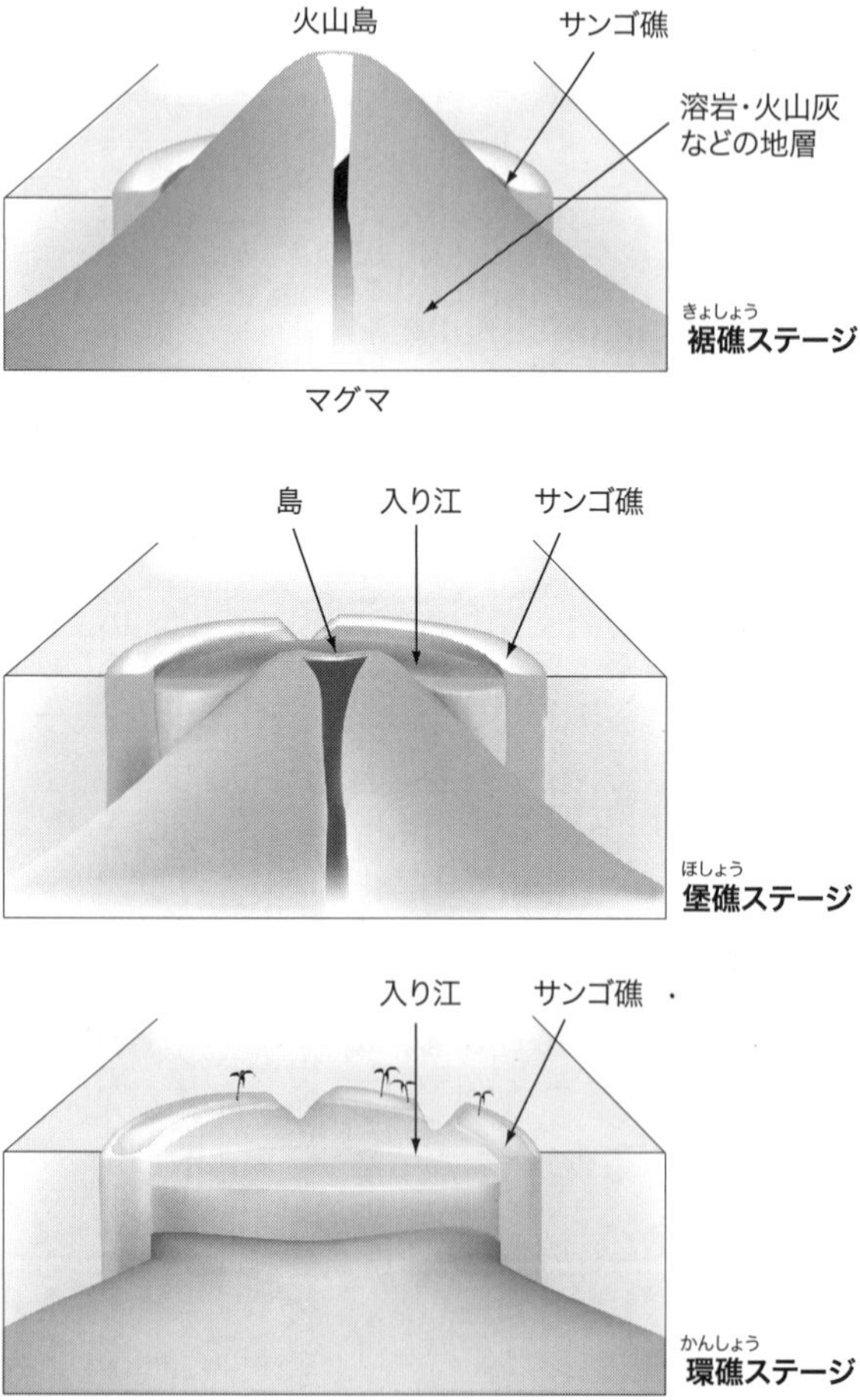


図1-4　ダーウィンのサンゴ礁沈降形成説

かった。

日本でも、一九三四～三六年に東北帝国大学（現東北大学）の矢部長克らが、沖大東島において四〇〇mの掘削を行った。この時も、掘削された試料は、サンゴ礁を形成する石灰岩であり、火山岩を得ることはできなかった。

ダーウィンの仮説が最終的に掘削によって証明されたのは、一九五二年にハリー・ラッド(Harry Ladd)らが、マーシャル諸島のエニウェトック環礁において一三〇〇mの掘削を行った時である。火山島は予想よりはるかに深く沈降していたのだ。

第二次世界大戦前に行われた東北帝国大学チームのサンゴ礁掘削は、仮説検証には至らなかったが、その果敢な挑戦は称賛されるべきである。実際、その掘削試料は現在でも石灰岩研究の貴重なサンプルとなっている。

## 海洋地殻とマントル

サンゴ礁の掘削とは別に、一九三九年にはアメリカ地質調査所のイエガー(T.A. Jaeger)によって、おそらく最初の深海底の科学掘削提案がなされている。この提案の目的は、堆積物の下にある海洋底の岩石を調べるというものであった。

その頃までに、地球には二つの種類の地殻があることが推測されていた。一つは大陸地殻であり、もう一つは、海洋地殻である。

ニュートンは、リンゴが木から落ちるのをみて万有引力の法則を発見したという言い伝えがある。地球は質量が大きいので、地上の物には大きな引力が働く。これを重力（正確には、引力マイナス地球の自転による遠心力）と呼ぶ。

実は、重力の大きさは、場所によって異なることが知られている。たとえば、地下に大きな金鉱が眠っているとしよう。金は密度が大きいので、金鉱床の上の地表で重力を測定すると、周囲より大きな値が得られる。実際にこの方法は、鉱物資源などの探査に用いられている。

さて、重力を広い範囲で測定すると、大陸を構成する地殻と深海底を構成する地殻では、密度が異なることがわかってきた。大陸地殻は密度が小さく、海洋地殻は密度が大きい。すなわち、大陸地殻は軽い岩石、海洋地殻は重い岩石から構成されていることが、わかってきたのである。そして、重力の大きさから大陸地殻は花崗岩《かこうがん》質の岩石、海洋地殻は玄武岩質の岩石からなることが推定された。

イエガーの科学掘削の提案は、海洋地殻が玄武岩質の岩石からなることを立証しようとするものだったのである。五〇年代になると、これをさらに拡張してマントルまで掘削しようというアイディアが提案されるようになった。

当時、アメリカ雑学協会（American Miscellaneous Society）というグループが存在し、サロン的な会合を開き、自由闊達《かったつ》に科学の面白い話題を討論していた。

この学会において、前述のハリー・ヘス、ウォルター・ムンク（Walter Munk）などの地球科学のリーダーたちが、海洋地殻とその下のマントルとの境界であるモホロビチッチ不連続面（モホ面）を貫通し、マントルへ達するような深部掘削の計画、すなわちモホ面へのホール＝モホール計画の議論を始めたのである。

モホロビチッチとはユーゴスラビアの地球物理学者で、地殻とマントルの境界を、地震波の伝わり方からみつけた人である。当時、地震学的な研究によって、地球の内部は、ちょうどゆで卵のように、表面から中心へと、「地殻」「マントル」「核（コア）」から成り立っていることがわかってきた。

地震波の伝わり方と重力の大きさから、核は金属鉄、マントルは重い岩石（おそらくカンラン岩）、地殻は前述したように海洋地殻と大陸地殻からなると推定できた。

マントルを構成する岩石がカンラン岩（主にカンラン石と輝石《きせき》から構成される岩石）であ

ると仮定すれば、それを部分的に溶融すると玄武岩質のマグマが形成されることが実験によって推測された。すなわち、海洋地殻は、マントルが一部溶けてできたマグマから造られると考えられた。

海洋地殻の厚さは、五〜八km程度であるのに対し、大陸地殻は三〇〜五〇kmである。深海底から五〜八kmの地下を掘削し、海洋地殻からモホ面を掘り抜くことができれば、海洋地殻が玄武岩質岩石で形成され、さらにそれがマントルの溶融によって造られたという仮説を一挙に証明できる。

## モホール計画の提案と挫折

一九五八年四月二八日、ワシントンDCでのアメリカ地球物理学連合（American Geophysical Union）の年次総会において、モホール計画実施の可能性を検討する集会が持たれた。司会はハリー・ヘス、計画全体の発表は当時のアメリカ雑学協会会長のゴードン・リル（Gordon Lill：アメリカ海軍研究所）が行った。

この計画に対して、会場では反対の声が上がったという。いわく「マントルの性質は不均質であり、地域性もあるに違いない。いったい一つの掘削孔でマントルの何が学べるのか？」

このような反論に対して、ヘスは次のように答えたという。

「一つの孔でマントルのすべてがわかると言っているのではない。しかし、まず、一つの孔から始めなければいつまでもマントルについて真の理解を得ることはできない」

別の質問がなされた。

「このような大きな計画は、研究資金を一般の研究から吸い上げ、その結果として幅広い分野の研究を干乾《ひぼ》しにしてしまう可能性がある」

これに対して、スクリップス海洋研究所のロジャー・レベル（Roger Revelle）は、「この質問は、コロンブスのアメリカ大陸探検計画の提案に際して、賛同しようとしたスペインのイサベル女王に対する侍従の諫言《かんげん》のようなものである。侍従は、『このような無謀な計画を止めなさい。同じ資金をすべての帆船の改良に回して、それらが一～二ノットだけ速く帆走できるようにすべきです』と言った。侍従の言うことを聞いていたら新大陸の発見はなかったのです」と答えたという。

新たな展開を招くための「ブレークスルー」は、「投資」を集中することから生まれることを、巧みな喩《たと》えによって言い表している。

さて、集会では、科学的な意義以外にも、モホール掘削のような超深部掘削そのものが技術的には困難であるという厳しい批判の声が起こった。これに対して、当時のユニオンオイルなどの石油技術者は、カリフォルニア沖での海底油田掘削技術の進歩を示しながら、それが決して不可能ではないということを述べた。やがて、反対意見はおさまり、満場一致で計画は承認されたという。

モホール計画の技術的準備はウィラード・バスコムによって進められ、一九六一年には掘削船CUSS－1（三〇〇〇トン）が、カリフォルニア半島沖の水深三八〇〇m地点で試験航海を行った。三週間で五つの孔を掘削し、堆積物試料を採集し、また孔内の計測や温度測定も行った。掘削孔で最も深いものは海底下二〇〇mであり、数百万年前の堆積物とその下位の玄武岩を一四m回収した。

このように最初の試験航海では、深海底を掘削することが可能であることを示し、また海洋底が玄武岩でできていることを証明した。

CUSS－1の成功を受け、モホール計画の具体案が検討された。しかし、ここに来て、大きな意見の相違が現れた。

一つは、最初からモホ面を目指した超深部掘削のための掘削専用船を造り、一挙にマントルまで目標に向かって驀進《ばくしん》しようとする考え方であり、もう一つは、まず堆積物を取る掘削船から始めて、徐々に経験を積み、次にモホール掘削船を造るといった段階的なアプローチを踏むという考え方である。研究者の考え方は大きく二分されていった。

また、契約会社側の提示したモホール掘削船の建造費と運用コストは実に一二七万ドルにおよび、大きな財政負担となることが明らかとなった。この数字は、アメリカ雑学協会が推定した経費の六倍にものぼった。この結果を受け、アメリカ議会上院は、一九六六年、モホール計画の停止を全米科学財団に命じたのであった。

## 一―3　国際深海掘削計画

### 掘削船グローマー・チャレンジャー

モホール計画が終焉《しゅうえん》に近づいていた頃、アメリカの四つの海洋研究所——カリフォルニア大学スクリップス、ウッズホール、コロンビア大学ラモント、マイアミ大学——は、地球深部試料採取海洋研究所連合（ＪＯＩＤＥＳ＝Joint Oceanographic Institutions for Deep Earth Sampling）という組織を作り、新たな海洋掘削計画の着手に取り組みはじめた。

その最大の目的は、モホールではなく海洋底拡大説の証明であった。一－1で述べたように、海洋底拡大説は、すでに地球観に革命をもたらすとの認識が研究者の間に広まっていた。その証明は、主に堆積物を採取することによって可能であり、モホール計画のように巨額な資金を必要としなかった。

一九六六年、全米科学財団は一二万ドルの予算をＪＯＩＤＥＳに計上し、深海掘削計画（ＤＳＤＰ＝Deep Sea Drilling Project）が開始された。

一九六八年八月、メキシコ湾にて掘削を開始したアメリカの掘削船グローマー・チャレンジャー（Glomar Challenger）（図１－５ａ）は、同年一二月、アフリカ西岸のダカールを出発し、歴史的な航海へと旅立った。この航海では、大西洋中央海嶺の両側において八カ所の掘削を行い（図１－３）、リオデジャネイロに入港した。

結果は素晴らしいものだった（コラム１－１を参照）。この航海に古生物学者として参加した齋藤常正は、まさに科学の歴史を作りだす作業に参加する幸せを味わったという。

以来、一九八三年までの一五年間にわたりグローマー・チャレンジャーを用いた深海掘削が続けられた。

この間一九七五年以降は、アメリカに加えて、日本、フランス、西独（当時）、イギリス、ソ連（当時）の参加を得て、国際深海掘削計画（ＩＰＯＤ＝International Phase of Ocean Drilling）となった。当時、この国際計画への参加を目指し尽力したのが、東京大学海洋研究所の奈須紀幸であった。

この計画は大変な成功をおさめ、同船は、世界中の海の六二四地点で、総計三二万ｍにおよぶ孔を開け、約一〇万ｍの柱状試料を採取した。採取された試料やデータが、地球理解のために大きな貢献をしたことは誰の目にも明らかであった。

## 掘削船ジョイデス・レゾリューション

一九七〇年代の後半に、アメリカでは次の掘削計画を企画する動きがあった。その計画とは、石油会社と共同で、海底のさらなる深部の掘削を行うというものである。これは海洋縁辺掘削計画（Ocean Margin Drilling）と呼ばれ、一九八〇年には、全米科学財団が半分、残り半分を一〇の石油会社が連合して拠出するという計画が立てられた。

この計画は、石油会社の思惑と学術研究の目指すところがかならずしも一致せず、計画半ばで頓挫《とんざ》し終焉を迎えた。また、この計画では、米国主導という強い意向が反映され、米国以外の国際的な参加についてはほとんど考慮されていなかった。

1-5a　グローマー・チャレンジャー号　全長122m

1-5b　ジョイデス・レゾリューション号　全長143m

しかし、海洋縁辺掘削計画の失敗は、無駄にはならなかった。それは、結果的に新たな国際深海掘削計画への道を開く扉となった。

新しい国際深海掘削計画では、長期にわたる使用で老朽化したグローマー・チャレンジャーに代わって、大型掘削船の就航が望まれた。また、これを支える計画運営として、全米の一八の研究所が発起人となった「法人」であるＪＯＩ(Joint Oceanographic Institutions,Inc.)を立ち上げ、計画は全米規模のものとなった。ＪＯＩが全米科学財団からの主契約者となり、テキサスＡ＆Ｍ大学が掘削船の運用母体となった。

新しい計画は、ＯＤＰ（Ocean Drilling Program）と呼ばれ（日本語では前の計画と同様に国際深海掘削計画）、一九八五年からジョイデス・レゾリューション（JOIDES Resolution）（図１－５ｂ）が新たな掘削船として働くことになった。

日本は、文部省の支援のもと、一九八五年一〇月からこの計画に正式加盟し、東京大学海洋研究所が我が国の計画執行機関となった。

ＯＤＰには、アメリカ、日本のほかに、フランス、ドイツ、イギリス、カナダ・オーストラリア・韓国・台湾連合（環太平洋連合とも呼ばれた）、ヨーロッパ科学財団（ベルギー、デンマーク、フィンランド、ギリシャ、アイスランド、イタリア、オランダ、ノルウェー、スペイン、スウェーデン、スイス、トルコの一二カ国連合体）、中国（部分加盟）が参加した。

ジョイデス・レゾリューションは、七階建ての実験室内に試料切断、写真撮影、顕微鏡観察、X線解析、化学分析、岩石の物理的性質の測定などの装置を装備した海上の実験室である。

加盟各国からさまざまな分野の研究者が、一回の航海で約二二名乗船し、二名の首席研究員の指揮のもとで約五〇日の航海に参加、掘削コアの諸計測を行い、討論を重ねて共同して研究が進められた。

掘削孔内には掘削パイプを通じて各種の測定器を下ろし、孔内の計測（たとえば密度や電気伝導度など）を行う。また、掘削孔には計器が設置され、数年の長期にわたって地震などを観測することも行われてきた。

グローマー・チャレンジャーとジョイデス・レゾリューションは、まさに地球科学に革命を起こしてきた船である。その革命とはどんなものであったのか、その成果の中身をこれからみてゆくことにしよう。

## コラム1―1　海洋底拡大説の証明

齋藤常正（東北大学名誉教授）

一九六三年、私は博士号を取得し、東北大学大学院を修了しました。ちょうど、海洋の研究が世界のさまざまな国で盛んになってきた頃です。私は、大学でずっと海底の堆積物に含まれる浮遊性有孔虫（第三章三―1で詳述）の研究をしていました。そんな折、ラモント研究所行きの話がでて、米国へ向かいました。

米国に行ったらすぐ観測船に乗せられて、大西洋を往復し、ピストンコアを採取することになりました。私の役割は、採取したコア試料中の浮遊性有孔虫を鑑定し、海底堆積物の年代を決めるということでした。

今では当たり前のことかもしれませんが、その時、海底にも古い地層（白亜紀や第三紀のもの）が露出しているということが、世界で初めてわかったのです。それまで、海底の表面はすべて現世の堆積物に覆われていると思われていましたが、海底でも大規模な浸食作用や無堆積が起きていることが、初めて発見されました。

DSDP（深海掘削計画）の最初の航海が始まるにあたり、ラモント研究所の所長のモーリス・ユーイングから「おまえもこの航海に来い」と言われました。その時、すでにラモント研究所から数人の乗船が決まっていたので、他の研究所から、「DSDPは四つの研究所の合同プロジェクトなのに、ラモントの人間がそんなに乗ったら、ラモントの航海じゃないか」とクレームが来たため、一回目の航海には乗れず、第三回目の航海に乗船したのです。

DSDP Leg 3（第三節の航海）は、一九六八年の一二月一日、セネガルの首都ダカール港を出発しました。ブラジルのリオデジャネイロまでの五五日間の航海で、南緯三〇度の線に沿って大西洋中央海嶺を横断するように掘削を行いました。

その頃、ラモントのフランス出身の科学者（ザビエル・ルピション）が、「海底は一年間に数cmの速さで東西に拡大しており、そのため大陸が押し離されて現在の配置になった」という説、つまり「海洋底拡大説」を唱えはじめていました。

私は海底地殻直上の堆積物の年代を、浮遊性有孔虫から調べていました。すると、海嶺から離れるにつれて、その年代が大きくなっていくのです。それは本当に奇麗なグラフが描けました。現在ではスタンダードな手法ですが、当時、微化石を使って年代を調べるなんて、誰も考えなかったことでした。
その時の航海が海洋底の拡大を初めて証明し、「プレートテクトニクス」という地球科学の最も重要な学説の一つが生まれるきっかけとなったのです。

## 一―4　プレートテクトニクスの創成

### ホットスポット仮説

深海掘削は、海洋底拡大説の検証に続いて、海洋底が移動するという考え方をさらに堅固なものとしていった。その一つにホットスポット仮説の証明がある。

太平洋の真ん中にあるハワイ諸島は、火山島や海山（海上に出ていない海底火山）が点々と列をなして並んでいる（図1―6。口絵四〜五ページも参照）。さらにその延長には、天皇海山列と呼ばれる海山群が存在する。

ハワイ―ミッドウェー間の火山列と天皇海山の火山列とは、明らかに列の連なる方向が異

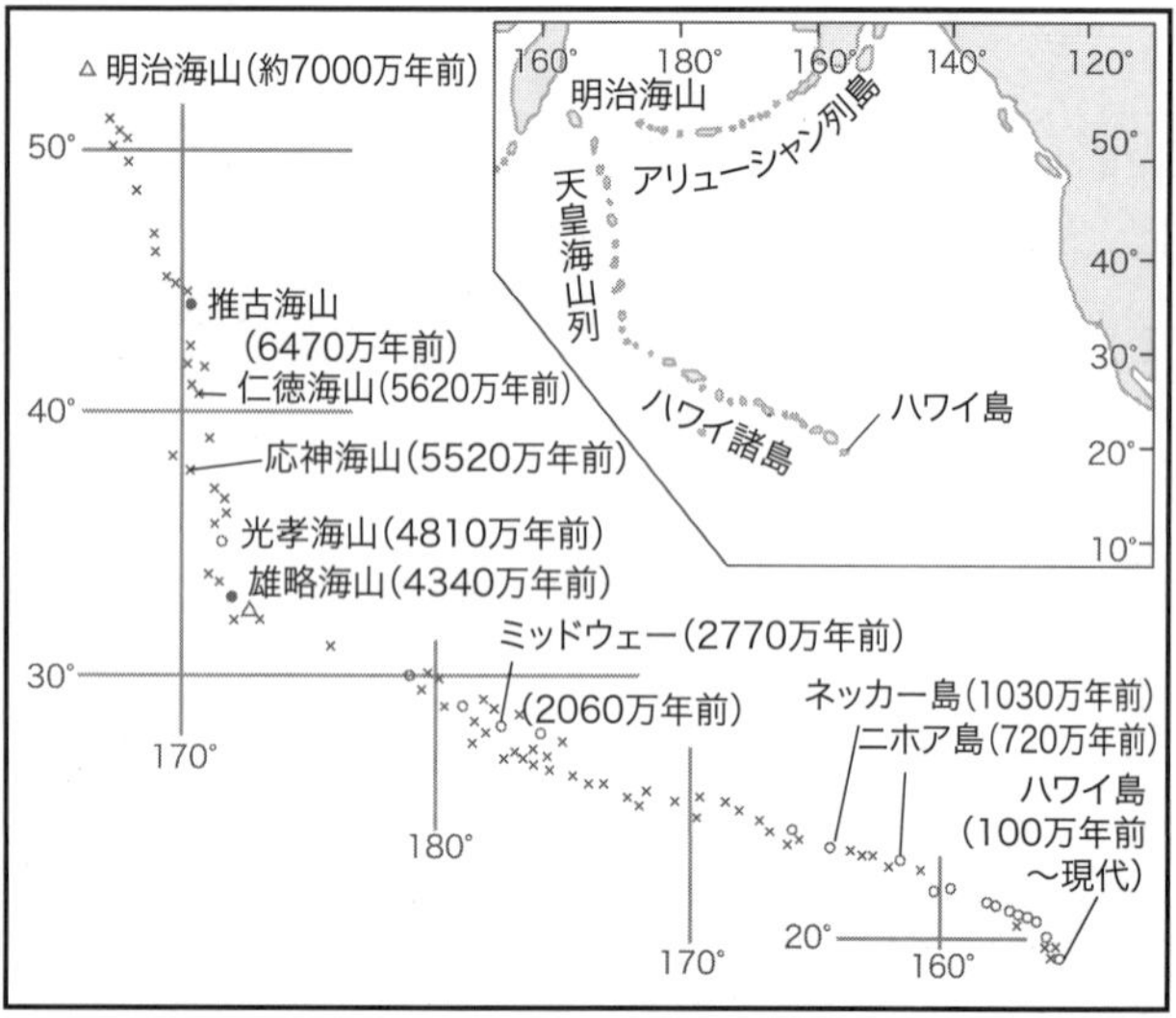


図1-6　ホットスポット仮説（左の図）とハワイ—天皇海山列（上の図）。ハワイ—天皇海山列の年代は、岩石の放射性元素年代測定法で求めた噴火の年代を示す

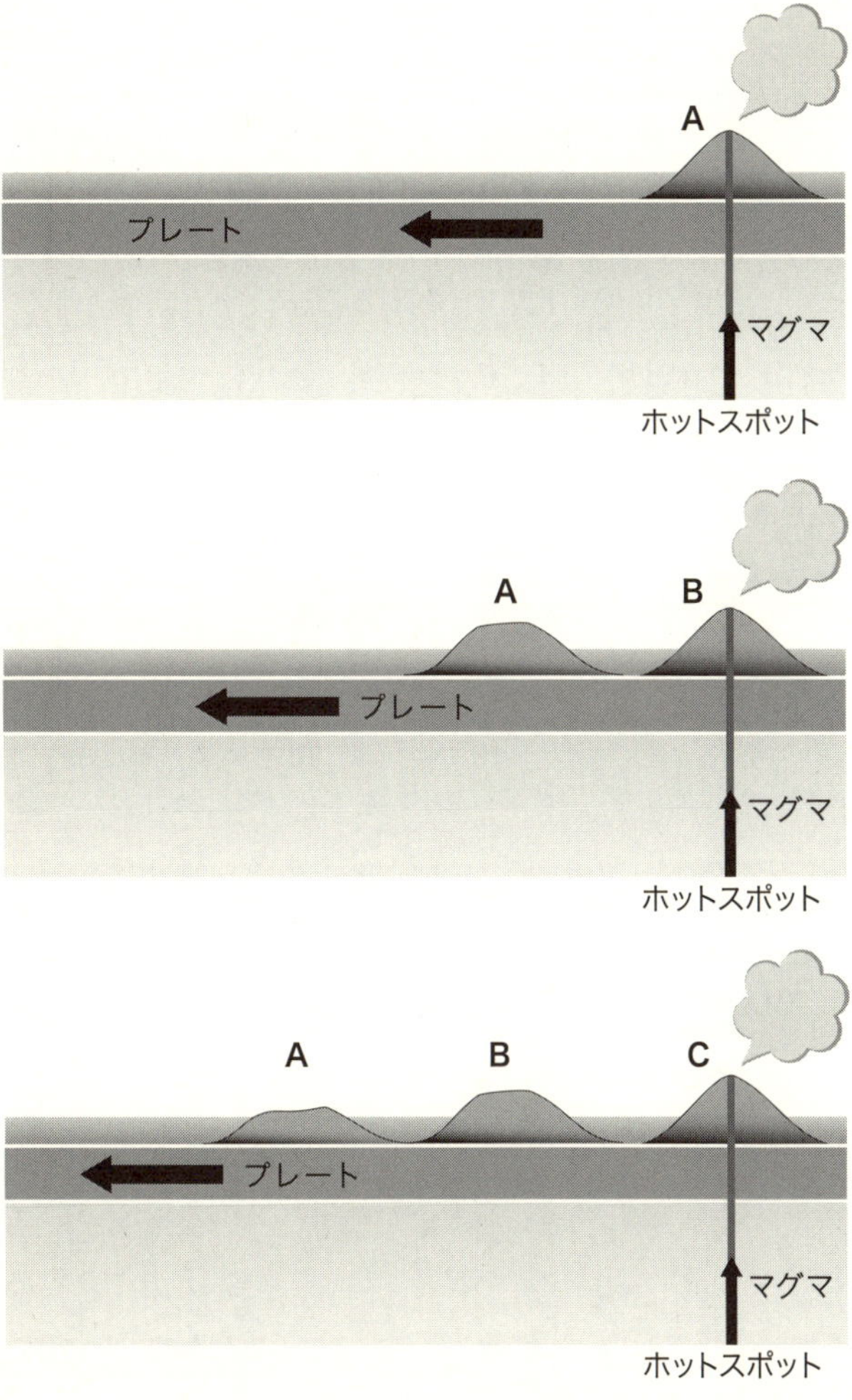
A
プレート
マグマ
ホットスポット
A
B
プレート
マグマ
ホットスポット
A
B
C
プレート
マグマ
ホットスポット

なっている。また、天皇海山列は、その北端でアリューシャン海溝と出合っている。

このような火山列はどのようにしてできたのだろうか。また、火山列の折れ曲がりは、何を意味しているのだろうか。

カナダのツゾー・ウィルソン（Tuzo Wilson）は、以下のような卓抜な考えを示した。

——海洋地殻のさらに下、地球深部の固定点からマグマが上昇して火山島ができると仮定する。しかし、火山島を載せた海洋底は移動するので、マグマが次々に上昇してくるとすると、移動方向に沿って配列した火山島列が海底に形成される（図1－6）。そして、ハワイ海山列と天皇海山列の配列方向の変化は、海洋底の移動方向の変化を表している。

この仮説を検証するには、海山を構成する火山岩の年代が、一番東側に位置するハワイ島で最も若く、西側にいくにつれて順に古くなること、島と島との距離とその年代の違いから求められる移動速度が、海洋底拡大の速度とよく一致することの二つが証明されればよい。深海掘削では、この課題に挑戦した。

図1－6に示したように、結果は素晴らしいものであった。ウィルソンの仮説は証明され、ハワイ海山列と天皇海山列の方向の変化は、四三〇〇万年前に起こったこともわかった。ハワイ島のように、表層での海洋底拡大とは独立して、地球深部の固定点からマグマがわ

き上がる場所をホットスポットと呼び、これは、熱対流に由来するマントルの上昇流が原因であると考えられた。

## 地磁気の縞模様

地表で磁針のN極が北を指すことはよく知られている。これは地球自体が一つの大きな磁石だからであり、場所による地球の磁気的な特性のことを地球磁場と呼ぶ。地球が磁石であるのは、地球中心部の核（コア）の主成分である溶けた金属鉄が、対流運動をしているからだと考えられている。

さて、中央海嶺では、マグマが上昇し海洋地殻が造られていることはすでに述べた。玄武岩マグマは、冷え固まる時に地球磁場の影響を受けて磁気を帯びる性質を持っている。というのも、玄武岩マグマの中には、小さな磁石（磁鉄鉱などの鉱物）が含まれており、冷えて固まる時にこの磁石のN極が北を指すように固定されて岩石となるからである。この性質を岩石残留磁気と呼ぶ。残留磁気を持つ岩石は、いわばコンパスのようなものである。海洋地殻の持つ残留磁気の性質は、海面付近から磁気探査を行って調べることが可能である。

一九六〇年代に、海洋地殻の残留磁気の性質が詳しく調査された。その結果、中央海嶺から両側に、磁力の強弱が縞模様をなして対称的に変化していることが明らかになったのである。

当時、地質時代の岩石の残留磁気を調べていた研究者のグループは、地球磁場の性質が大きく変化した時代が、過去に何回も訪れたことを突き止めていた。すなわち、過去に地球磁場のN極とS極が入れ替わった時期があったのだ。この事件を**地球磁場の逆転**と言う。

地球磁場の逆転は、核の流体運動の変化によって引き起こされたと考えられている。そして、海底の地磁気縞模様は、地球磁場逆転の歴史を記録していると推定されたのである(図1－7)。

もし、この考えが正しいとすると、**海底の地磁気縞模様**のパターンを観測すれば、海底の年代や海洋底拡大の変動の歴史が判明することになる。

そこで、国際深海掘削計画では、海底の地磁気縞模様と年代の関係を次々と調べていった。その結果、前記の仮説は検証され、さらに詳しい地球磁場逆転と海洋底拡大の歴史がわかってきた。

たとえば、東太平洋海膨《かいぼう》(太平洋の東側にそびえる中央海嶺)は、大西洋中央海嶺に比べて二倍程度の拡大速度を持っていること、最も古い海洋底はジュラ紀前半(今から二億年

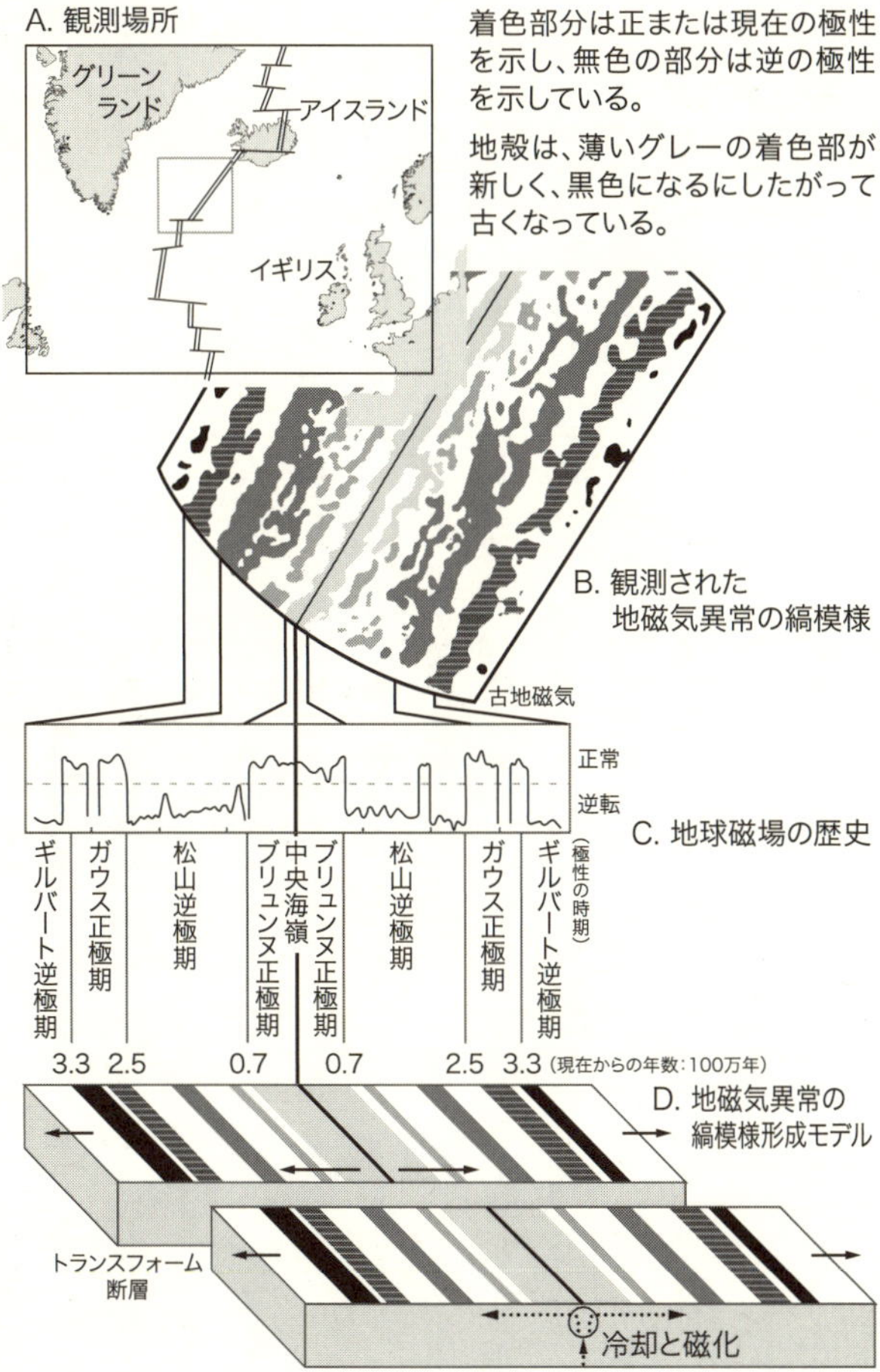


図1-7　地磁気模様とテープレコーダーモデル。観測場所はアイスランド南方のレイキャネス海嶺である

前）であり、それ以前の海洋底は消滅してしまったこと、白亜紀前半から中頃（今から一億二〇〇〇万〜八〇〇〇万年前）までは、地球磁場の逆転がほとんどなかったこと、一方、新生代では一〇〇万年程度の頻度で何回も地球磁場の逆転があったこと、などがわかったのである。

## プレートテクトニクスの提唱

海洋底拡大説は、さらにプレートテクトニクスとして発展していった。

地球の表面は、海洋底も大陸も含めて十数枚の内部変形の少ない剛体的にふるまう板（プレート）から成り立っている。プレートは、海洋地殻とその下にある上部マントル層を含む、厚さ五〇〜一〇〇㎞ほどの剛体部分である**リソスフェア**から構成されている。リソスフェアの下部には、部分的にマントルが融けているとみられる層（**アセノスフェア**）があり、その部分は流動しやすい。したがって、プレートはアセノスフェアの上に載っており、あたかも雪上のスキー板のように動きやすい（図1－8。図1－2も参照）。

たとえば太平洋プレートは、東太平洋海膨で形成され、ゆっくり西方へ移動してゆき、日本海溝からマリアナ海溝で沈み込み、マントルに消えていく。プレートの沈み込む所では、

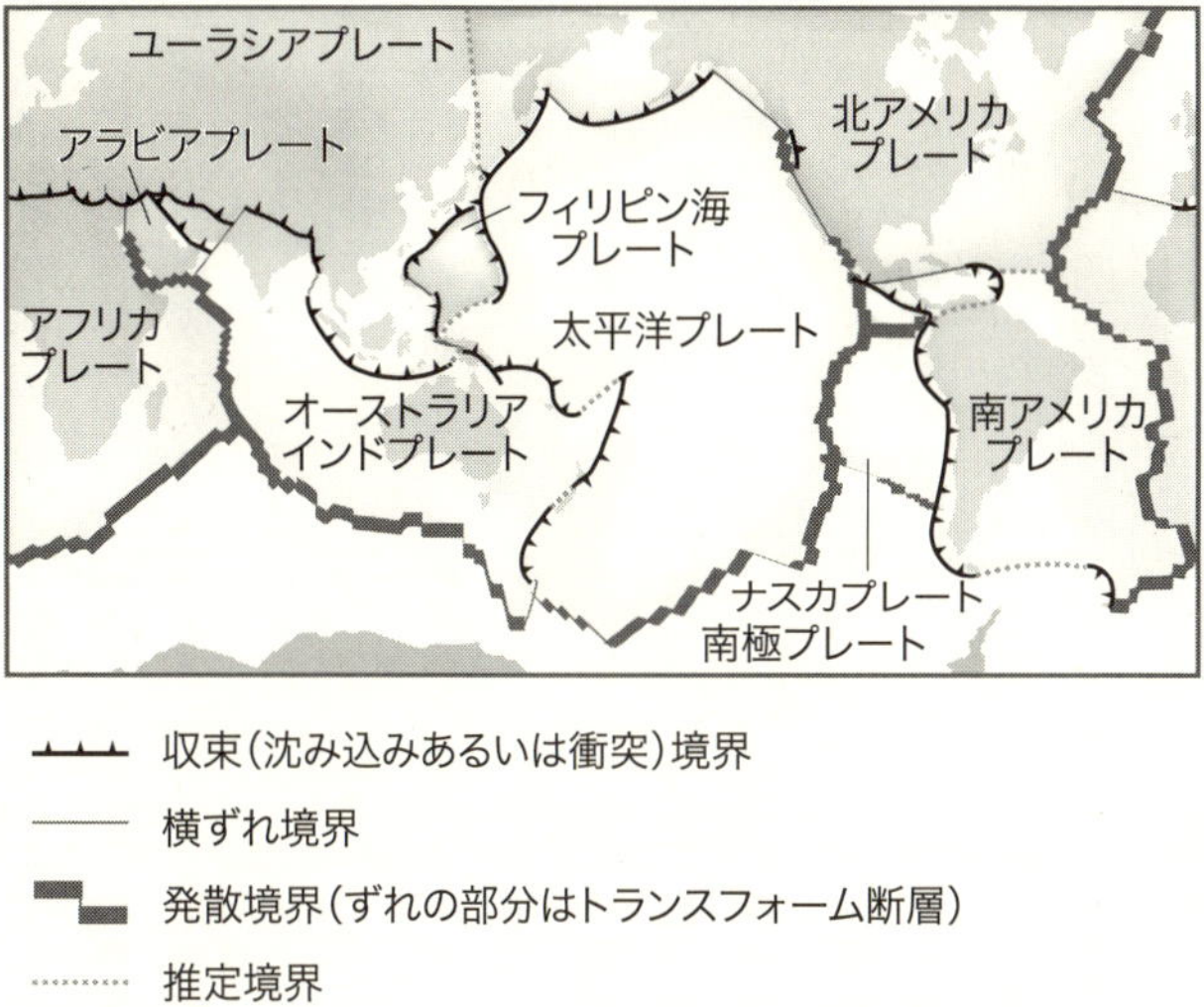


図1-8　プレートテクトニクス

海底が溝状に深くなっており（海溝）、さらに沈み込むプレートによってもたらされた水によってマントルが溶けてマグマができ、火山列島が形成される。その代表的な例が日本列島である。

　このようなプレートを移動させる原動力は、プレートの一部が海溝から地球内部へ沈み込むときに生じる重力であると考えられている。

　プレートの運動によって、地震や火山、地殻変動など地球の営みのフレームワークが説明できるようになった。この考えを**プレートテクトニクス**（Plate Tectonics／テクトニクスは地球の構造を研究する学問を指す）と称する。

国際深海掘削計画は、深海底から多くの事実を引きだし、海洋底拡大説からプレートテクトニクスの創成に大きな貢献をした。

**海洋地殻を掘る**

深海掘削によって、海洋地殻の構造と性質についても多くのことがわかってきた。

国際深海掘削計画で一番深く掘られた孔は、コスタリカ沖の五〇四B（国際深海掘削計画では掘削孔に通し番号をつけている。これは五〇四番目の孔という意味で、Bはその孔の二番目の掘削を示す）と名付けられた孔である。この孔は海底下二一一一mに達し、結果として海洋地殻上部にある玄武岩溶岩と貫入岩（マグマの溜まっている場所から割れ目を伝ってマグマが上昇してきて固まった岩石）をほぼ貫通した。

著者の一人、木下は、五〇四B孔に挑戦し続けた研究者の一人である。

コスタリカ沖の五〇四B孔は、国際深海掘削計画で合計七節（六九、七〇、八三、一一一、一三七、一四〇及び一四八節）の航海が組織された、記念碑的な掘削サイトである。

日本からは首席研究者を第一一一節航海（一九八六年酒井均）と第一四八節航海（一九九

三年木下肇）に送り出した。

五〇四B孔は、水深三七五〇mの海底堆積層から掘りはじめ、第一四八節航海にかけて二一一一mの深さまで掘り進んだところで、掘削中止となった。この間、実にいろいろな実験が行われ、海洋性地殻の構造の理解が一段と進んだことで、地球科学に偉大な貢献をした。

五〇四B孔が海底下二一一一mで掘削中止になった理由は、この深さから上がってくる岩石片が、まるでポテトチップスのように細かく割れていたからである。

いくら掘っても掘り進めず、大量のポテトチップスが孔詰まりを起こした。掘削ビットの直径は四〇cmなのに、孔の径は、ほとんど掘進できないまま、掘削作業を繰り返すにしたがって次第に大きくなり、約三mに達した。それにもかかわらず、ビットが引っ掛かったまま動かなくなり、ジョイデス・レゾリューションの能力一杯（約六〇〇t）で引いても、びくともしなかったのである。

そこで、掘削パイプの底に火薬を落として爆破し、ビットの部分を切り離して掘削管だけを引き上げたりもした。こんなことを数回繰り返したが、最後には孔底掘削セットBHA(Bottom Hole Assembly)が喰い込んだまま、引き上げ不可能になった。

この状況がなぜ生じたかについては、「孔底は高温（約五〇〇℃）で流動変形しており、急冷による岩石の熱収縮によって、ポテトチップス状に割れ目が作られた」と推測した。実はこのBHAは高価な装置で、一セットおよそ一億五〇〇〇万円もする。

この事件が起こったのは、木下肇とミシガン大学のジェフリー・オールト（Jeffrey Alt）が首席研究員を務めたODP第一四八節航海（一九九三年）のことだった。ODP仲間は彼らに「The Destroyers（破壊王）-504B」という綽名《あだな》を付けたが、結局、ジョイデス・レゾリューションの能力では、これ以上如何《いかん》ともし難い、という結論が出たわけである。しかし、失敗は成功の母である。木下はこの経験が将来の深海掘削にかならず生きると確信した。

# 第二章　日本列島とプレートの沈み込み

## 二―1　プレートの沈み込みと地震活動

### 海溝と火山列島

プレートテクトニクスの提唱は、日本列島の地球科学についても革命を起こした。日本列島は、地震や火山、地殻変動など、地球の営みが集中している。日本列島の周りには海溝が存在する。海溝は、その陸側にこれと平行する火山の列、多くの場合に火山列島（弧状列島、あるいは島弧と呼ぶ）を伴うことが多い。さらに火山列島の海溝と反対側（背後）には、盆地状の海底地形が存在する。たとえば、日本海やオホーツク海などである。

このような地形を、**海溝―島弧―背弧海盆系**と呼んでいる。

一九二〇年頃、気象庁の和達清夫は、日本海の地下、非常に深い場所（数百㎞の深さ）で地震が起こっていることに気がついた。この深い地震（深発地震）の深さの分布を詳しく調べてみると、日本列島の太平洋側から列島直下、さらに日本海側へと傾く面状をなして分布していた（図2―1）。この面を、**和達《わだち》―ベニオフ面**（ベニオフも地震学者の名前）と呼んでいる。

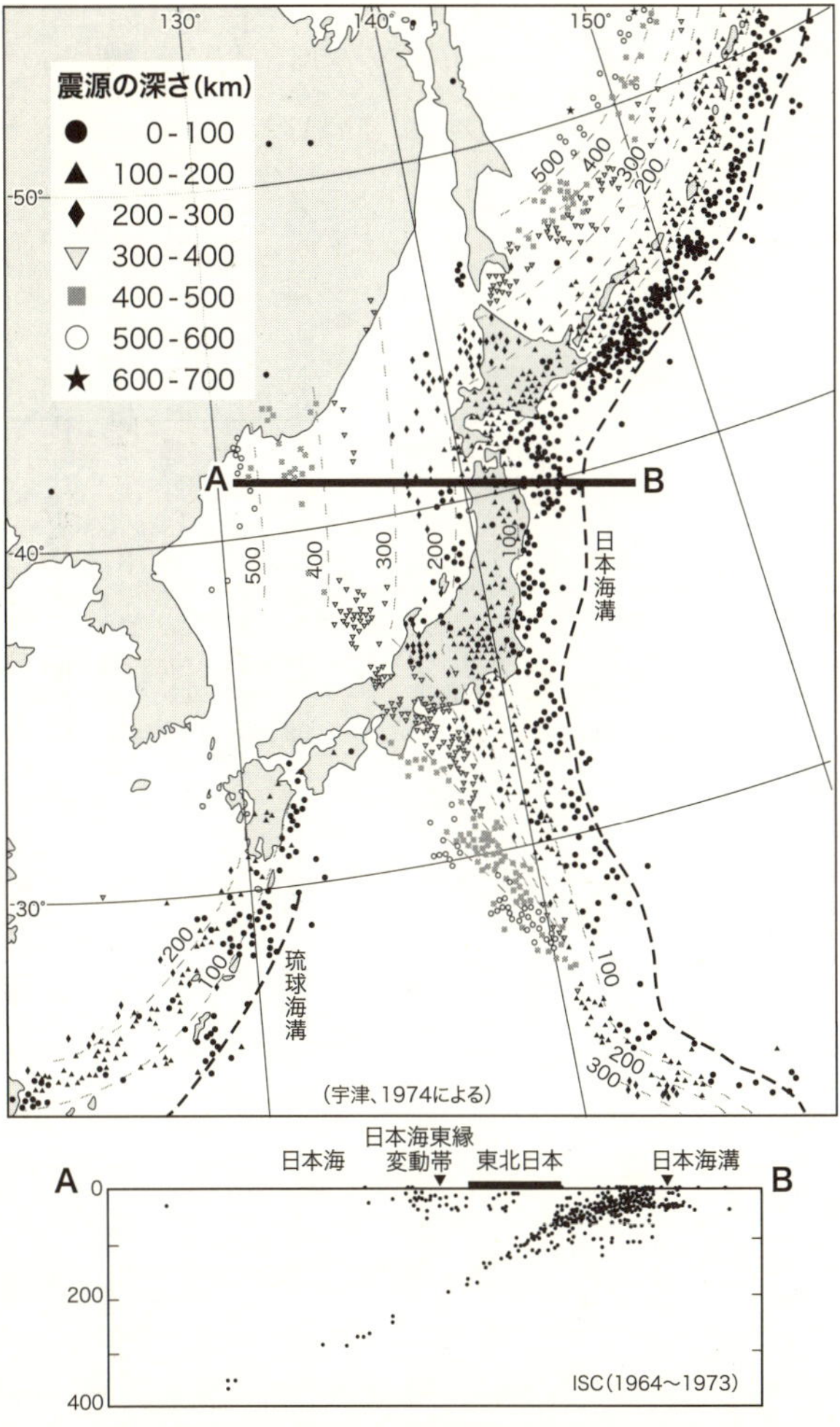


図2-1　日本列島の深発地震の面状分布

それから三〇年後の一九五〇年代に活躍した東京大学の久野久は、日本列島から大陸方向へ火山岩の化学組成が系統的に変化することを発見した。

彼は、より大陸側に位置する火山のマグマほど深い場所で発生していると考え、この傾向と、和達の発見した深発地震面とを結び付けて説明しようと試みた。この考えは、まさにプレート沈み込みの概念にきわめて近いものであった。

しかし、久野の仮説が体系化されるには、さらに二〇年以上の年月が必要となる。

この章では、まず、海溝付近で起こる巨大地震の研究から始まり、海溝—島弧—背弧海盆系成因の研究に関して、国際深海掘削計画の果たしてきた役割について述べてゆこう。

### 掘削孔での地震観測

日本列島周辺では、太平洋プレート、フィリピン海プレート、北米プレート（オホーツクプレートとする考えもある）、アムールプレート、南海マイクロプレートの五つのプレートが会合している（図2－3）。

千島海溝、日本海溝、そして小笠原海溝にかけて太平洋プレートが、南海トラフ（溝）から琉球海溝にかけてフィリピン海プレートが、沈み込んでいる。また、伊豆半島とその両側に位置する駿河《するが》、相模《さがみ》トラフでは、フィリピン海プレートの一部をなす伊豆・小笠原列島が本州に衝突している。

日本で大きな被害を引き起こす地震は、大きくみて、二つの領域で発生している。一つは内陸の活断層に沿って起こる「**直下型地震**」で、もう一つは沈み込むプレートの境界付近において起こる「**海溝型地震**」である（図2－2）。

「直下型」として記憶に新しいのは、一九九五年の兵庫県南部地震（阪神・淡路大震災）や二〇〇四年の新潟県中越地震である。

プレートの沈み込み境界における「海溝型」では、海域で大きな地震が発生し、多くは津波を伴う。海溝でプレートが沈み込むと、上盤側がひきずり込まれ、ちょうどバネを曲げたように、弾性エネルギーが蓄積する。その曲げが元に戻るときに、エネルギーが波動となって解放されたのが地震動であり、海底の運動によって海水が移動するのが津波である（図2－2）。

たとえば、一八九六年の三陸沖地震（M八・五）では、高さ二〇m以上の津波が襲い、死者・行方不明者は二万七〇〇〇人に達した。一九三三年の三陸沖地震（M八・一）でも、津

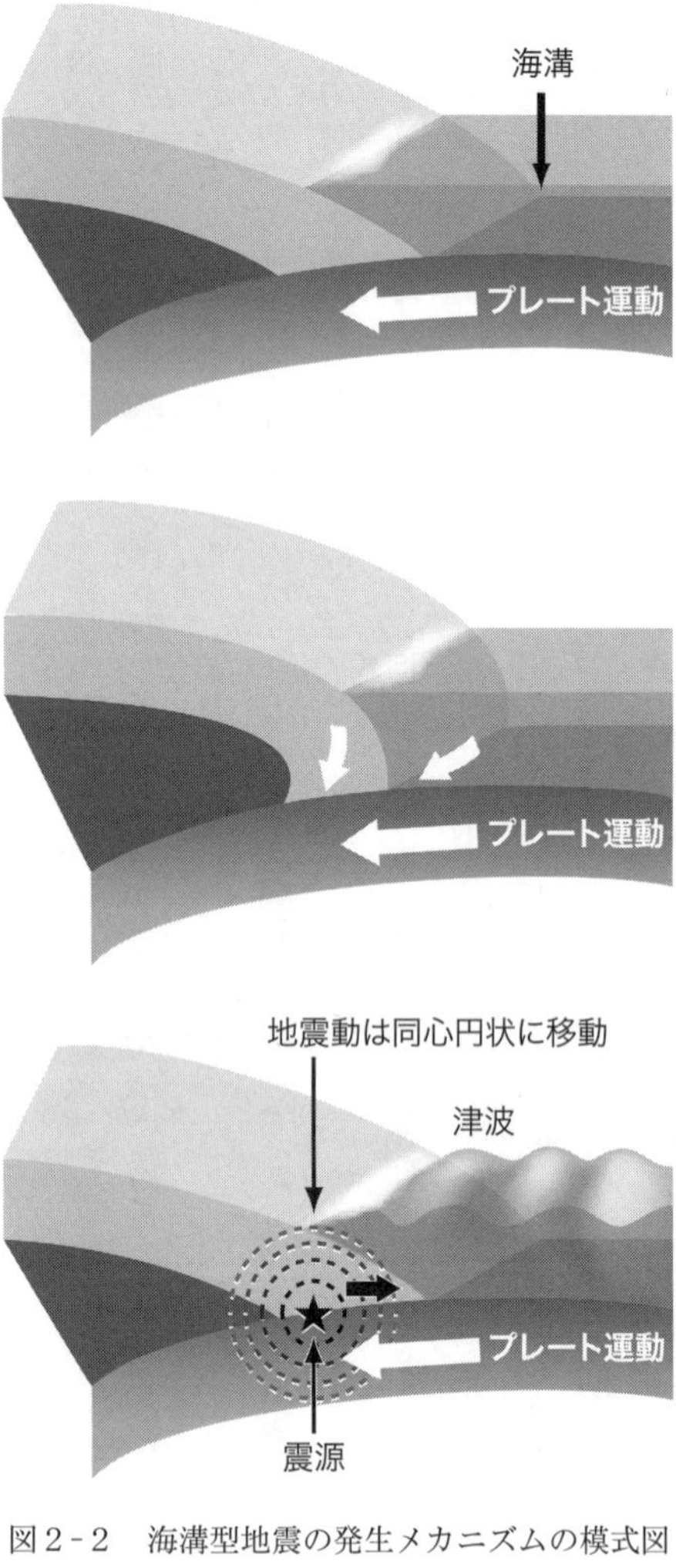


図2-2　海溝型地震の発生メカニズムの模式図

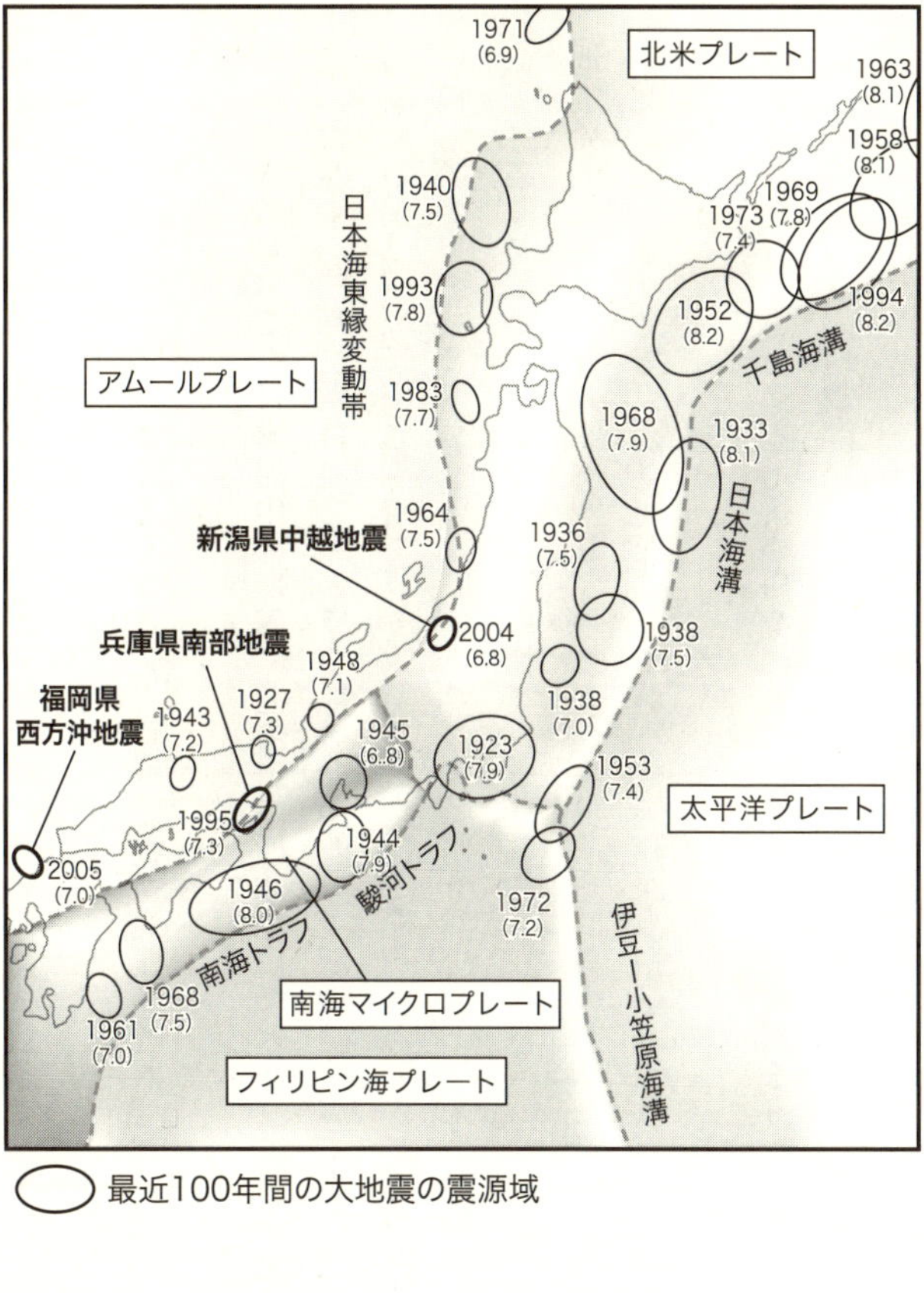


図2-3　日本周辺で最近100年間に起きた大地震の震源域とプレート境界の分布。数字は発生年、カッコ内はマグニチュード

波により三〇〇〇人以上が亡くなった。一九二三年の関東大震災（M七・九）は、相模トラフで発生し、大火災のために一四万人以上の人命が失われた。また一九四四年（M七・九）、一九四六年（M八）に、南海トラフ沿いで巨大地震が発生、それぞれ一〇〇〇人以上の死者を出した（以上図2－3を参照）。

日本海側においても日本海中部地震、北海道南西沖地震で大きな被害を出した。

二〇〇四年一二月二六日のスマトラ沖地震と津波も、海溝型地震である。

海溝型地震は、ほぼ同じ場所で繰り返し巨大地震が発生するのが特徴である。たとえば、南海トラフでは、一二〇〇～一八〇〇年ほどの再来周期で、M八クラスの地震が起こってきたことが、古文書《こもんじょ》などの歴史記録から知られている。

地震発生のメカニズムを解明し、地震の発生場所や時期の予測に役立てることは、国民の命や財産を守るうえで大変重要なことである。国際深海掘削計画は、この点でも貢献をしてきた。

海底を掘削することは、地震の研究にどのように役立つのだろうか。前に述べたように、プレート境界の巨大地震は海域で起きている。しかし、地震や地殻変動を観測するための観測ステーションのほとんどは陸上にあり、海域での観測の精度が十分ではない。そこで、まず、海域での観測精度を向上させるために、海底観測ステーションを設置していく必要がある。とくに掘削孔内は、海流など外界の雑音から隔離されており、また、地震観測だけでなく地殻内部に働く力や地殻の変形の仕方など、地震発生メカニズムの研究に重要なデータを取得することができる。

しかし、深海の掘削孔に観測装置を入れ、それを十分に長い間（たとえば数年間）維持して、データを取得することは容易ではない。装置の技術開発はもちろんだが、装置を入れるまでの手順がすべてうまくいくこと、すなわち、ある程度、運も味方にしなければならない。

著者の一人、末廣は、篠原雅尚（東京大学地震研究所）らとともに、西太平洋にいくつかの孔内地震計を設置した。これらは現在でも貴重な記録を取り続けている。日本は今、この分野で世界をリードしているのである。

このことについては第五章で取り上げることにしよう。

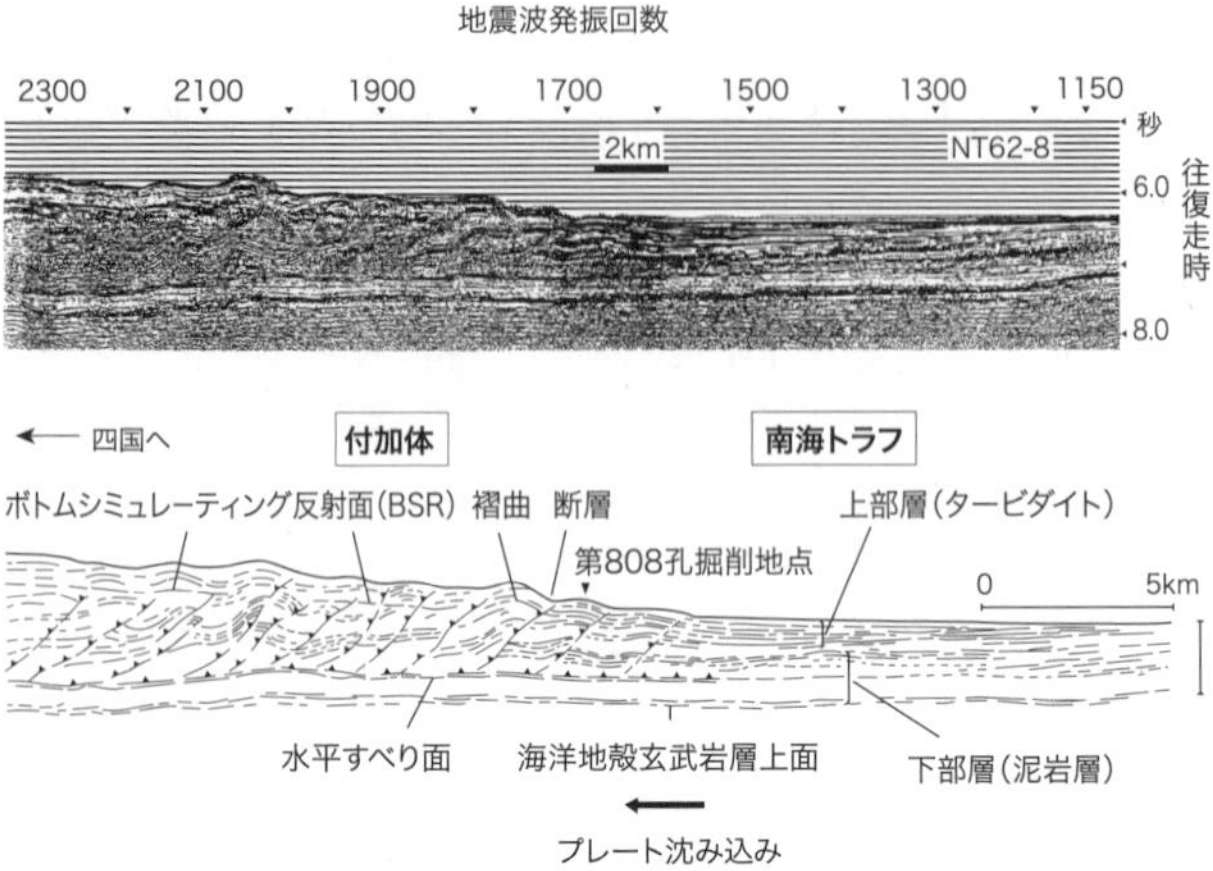


図2-4　室戸沖南海トラフの反射法地震波探査記録（上）と、その地質構造の解釈（下）。第808孔の掘削位置も示してある

## 二-2　付加体の研究

### 四万十《しまんと》帯とは

海溝でプレートが沈み込む時に、プレート上の堆積物の行方《ゆくえ》はどうなるのだろうか。

一九七〇年代の初め、反射法地震波探査によって、南海トラフでは海溝堆積物が褶曲している様子がわかってきた。もし、このような状態が数十万年続けば、堆積物は海洋プレートからはぎ取られて、陸側のプレートに押し付けられ、新たに地殻の一部として付け加わってゆくと考えられる。この付け加わった地殻は**付加体**と名付けられた。

一九七〇年代の後半から一九八〇年代初頭にかけて、著者の一人である平や甲藤次郎、岡村真、小玉一人ら（高知大学）は、四国に分布する白亜紀から第三紀の地層である四万十帯の研究を通じて、四万十帯が陸上に露出した付加体であることを実証した。

九州南部から四国南部、そして紀伊半島を経て南アルプスを造る四万十帯には、大陸（当時の日本列島は大陸の一部であった）から運ばれた砂岩層や泥岩層ばかりでなく、赤道域から三〇〇〇km以上旅してきた、海洋プレートの物質である玄武岩の**枕状溶岩**（溶岩が海底で噴出し急冷して枕のような形で積み重なったもの。「枕」は一つひとつがチューブ状をなし、時には空洞ができている。口絵④を参照）やチャート（放散虫の殻からなる珪《けい》質の岩石）などが含まれていることを、放散虫化石の年代や岩石の残留磁気の測定から明らかにした。

著者らは、四万十帯は、海溝に堆積した砂岩や泥岩の地層（しばしば褶曲している。口絵③を参照）と、海洋プレートの物質が混合してできた付加体であると結論づけた。

では、現在の海溝に、本当に砂などの河川から運ばれた堆積物が存在するのだろうか。また、それらがどのようにして陸側へと付加しているのだろうか。このことを検証するために、南海トラフの掘削が実施された。

## 約一〇〇〇mの厚さの堆積物

南海トラフは浅い海溝で、最大水深は約五〇〇〇mである（口絵⑤を参照）。そこでは、現在約一〇〇〇mの厚さの堆積物が、北北西方向へ沈み込むフィリピン海プレートの上を覆っている。

この堆積物を陸側に向かって追跡してゆくと、褶曲と断層で断ち切られ、変形している様子が認められる（図2−4）。

フィリピン海プレートは、北北西方向に年間三〜四㎝くらいの速さで移動しており、上に降り積もった堆積物がベルトコンベアで運ばれるように、日本列島にどんどん押し寄せてきているのだ。

南海トラフを覆っている厚さ一〇〇〇mの堆積物とは、いったいどういうものなのだろうか。国際深海掘削計画では、南海トラフにおいて六回にわたる航海が実施された。

室戸《むろと》沖第八〇八孔（図2−4。口絵⑤を参照）では、南海トラフ付加体のできはじめの部分について、水深約四七〇〇mの海底から一三〇〇mの掘削を行った。

ジョイデス・レゾリューションには、約五〇mの高さのやぐらが装備されており、そこから海底へパイプを下ろす。船には一二個のスクリューが付いており、グローバルポジショニングシステム（ＧＰＳ）と海底に沈めた超音波発信装置からの位置測定用音波を受けつつ、一定の位置に何カ月でもとどまることが可能である。

南海トラフのこの場所は、黒潮の速度が四ノットほどあり、船の周りを常にごうごうと水が流れ、パイプは黒潮の中でうなりをたてるほどであるが、このような悪条件の中でも掘削を続けることができた。

掘削の結果、南海トラフの上部、五〇〇ｍの厚さの地層は、ほとんどが砂層であることがわかった。その下に火山灰を多く含んだ泥岩があり、さらに下部は均質な泥岩に変化した。泥岩全体の厚さは六〇〇ｍであった。

泥岩層の中ほど、海底下九四五〜九六五ｍで、破砕された泥岩層を貫いた。これが沈み込んでゆくプレートと、その上部の付加されてゆく地層との境界に相当する水平な断層（すべり面）であった。

泥岩の最下部に含まれるプランクトン化石の年代から、四国沖合いのフィリピン海プレートは一五〇〇万年前に誕生したことがわかった。

このプレートの上に一五〇〇万〜約五〇〇万年前までの長い期間に、約六〇〇ｍの厚さの泥岩が積もり、五〇〇万年前に砂層が急速に堆積を始め、約五〇〇ｍの厚さの地層となって泥岩層の上に堆積した。

五〇万年で五〇〇mという堆積速度は、関東地方の平野にたまっている川の土砂の堆積速度とほぼ同じである。

以上の地層の重なり方は、次のような歴史を物語っている。

掘削地点付近のプレートがまだ日本列島に近づいていない頃、遠洋で泥やプランクトンの遺骸がゆっくり降り積もり、泥岩層となった。五〇万年前に南海トラフ付近に近づいた時に砂が堆積しはじめた。

この砂には木片が多く含まれている。また、海ではなく湖や川に住む珪藻《けいそう》が混在しており、河口に堆積した砂が、なんらかのプロセスで四七〇〇mの深海まで流れ込んできたことがわかった。

砂の鉱物の特徴を調べ、砂の出所探しを試みると、富士川河口の砂に一致した。富士川は駿河湾へ流れ込む。駿河湾の河口に溜まっていた砂が海底の雪崩《なだれ》（海底土石流。その堆積物をタービダイトと呼ぶ）となって七〇〇㎞くらい流れ、室戸の沖合いに土砂を堆積させたのである。

## 自然の土木工事

南海トラフというのは、要するに海底の細長い形の大きな溝である。水深四七〇〇mの四国沖から、溝に沿ってたどると、静岡県の田子ノ浦に流れ込む富士川河口にたどり着く（口絵⑤）。

富士川は富士山や南アルプス、すなわち日本最大の山岳地帯に源を発し、駿河湾へと流れ込む急流で、わが国でも最も土砂供給量の大きな川の一つである。しかし不思議なことに、富士川の河口にはこれら多量の土砂が堆積してできたと思われる平野地形（扇状地地形）がほとんど発達していない。

このような特徴は何も富士川だけではない。周りをみてみると、駿河湾に流れ込む安倍川、大井川などの急流は、いずれもその河口に広い平野を造っていない。

これは、河口の先の海底が急斜面をなして深海底へと達し、富士川などが運んだ土砂は、そのほとんどが直接、駿河トラフへと流れ込み、さらにその延長にある南海トラフへ、海底の土石流となって運搬されているからだと考えられる。ここでは、三〇〇〇m級の山脈から深海のトラフの底まで、土砂の運搬流路が直結しているのである。

フィリピン海プレート上には、伊豆－小笠原海嶺という一部海上にも顔を出す海底火山列があり、フィリピン海プレートが北北西に動くことによって、本州に衝突している（口絵⑤に衝突境界が示してある）。

つまり、今の伊豆半島や丹沢山地は、南からやってきたフィリピン海プレート上の火山の高まりであり、それが本州を押しているため、山脈（関東山地や南アルプスなど）ができている。

南アルプスの山々から川が流れ出し、山脈から運ばれた多量の土砂が、海底のプレート境界である駿河トラフを経て南海トラフに流れ込み、四国沖に多量に堆積する。あまりに厚くたまった土砂は、容易に海溝の下へと沈み込めず、はぎ取られて陸地の一部として付け加わる。

見方を変えると、このプロセスは自然がなす巨大な「土木工事」のようである。つまり、富士山や南アルプスを急流河川というシャベルが削り、四国沖まで海底の土石流がダンプカーに代わって土砂を運搬し、四国沖の地下ではプレート運動というベルトコンベアが、砂や泥の堆積物から新たな陸地を造っている。

実は、このような陸地を造るプロセスは、なにも四国沖だけに限られた特異なものではない。日本列島の土台となる岩石は、約二億年の歳月をかけて、深海から次々と盛り上がってきた付加体であることが、著者らの研究でわかってきたのである。

## プレート沈み込みと物質の循環

話を国際深海掘削計画に戻そう。

この計画では、南海トラフのみならず、カリブ海のバルバドス付加体、北米太平洋側のオレゴン州からカナダバンクーバー島の沖合いでも、付加体の形成の様子を調べた。

その結果、海溝における付加体の形成には、海溝に多量の堆積物が存在すること、堆積物中に破壊されやすい層が存在し、水平の断層が発達しやすいこと、などの条件が必要であることがわかってきた。

その一方、プレート沈み込み帯では、土砂が付け加わる付加体の形成とは別に、島弧の前面が削り取られるような現象があることもわかってきた。

たとえば、日本海溝（口絵二〜三ページ）では、海溝堆積物が少なく、そのため付加体の形成がほとんど行われていない。日本海溝の陸側の斜面で行われた掘削では、島弧の岩盤が削られ、過去一〇〇〇万年にわたって一〇km以上、島弧の海側前面が沈降し、後退したことが発見された。

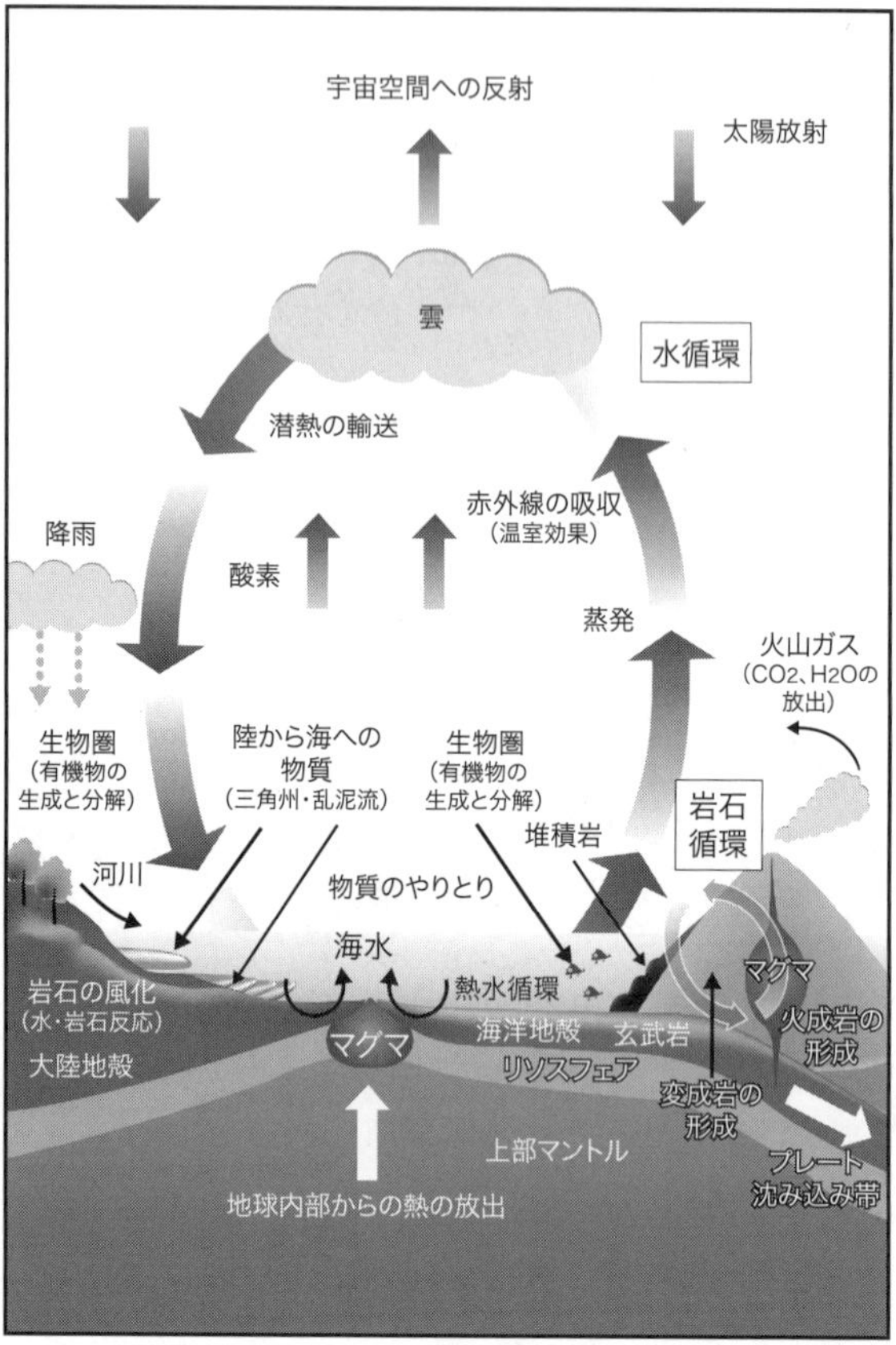


図2-5　物質の循環。地球の内部でのプレート運動や火成岩・堆積岩・変成岩の形成・風化（岩石循環）、火山ガスの放出や水の循環、そして生物の活動が密接につながっている。これら循環の原動力は太陽放射エネルギーと地球内部からの熱エネルギーである

プレートの沈み込みによって、ある場合には岩盤が造られ、ある場合には削り取られることがある（これを**プレート沈み込み侵食**と呼ぶ）と考えられる。

どちらのケースにおいても、プレートの沈み込みが、表層から地球内部への物質循環過程で大きな役割を果たしていることを示している（図2－5）。

すなわち、付加体の形成は、島弧や大陸地殻の風化、侵食、土砂等の物質の地球表層部分での再配分を表しているし、プレート沈み込み侵食は、マントル内部への表層物質の流入を示している。国際深海掘削計画は、このように地球を巡る物質循環の問題へ探査を進めてきたのである。

## 二－3　日本海の誕生と消滅

### 奥尻《おくしり》海嶺の隆起

話を太平洋側から日本海側に向けてみよう。

海底地形図を眺めてみると（口絵⑥を参照）、日本海にはいくつかの特徴ある地形が存在することがわかる。

まず、日本海の中央部には大和堆《やまとたい》と呼ばれる楕円形の高まりがある。ロシア、北朝鮮、韓国の縁辺部では、大陸棚から海盆まで比較的単調な斜面となっているが、東北日本から北海道の西側（日本海の東縁部）は、きわめて複雑である。そこには、数列の南北に伸びた高まり（海嶺）と、それに付随する小さな海盆（海底の盆地上の凹地《くぼち》）が存在する。

海嶺の一部は、北海道の南西沖において奥尻島として海面上に顔を出している。同様に、佐渡もそのような海嶺の一部であることがわかる。

奥尻島は、一九九三年の北海道南西沖地震において高さ一〇m以上の津波に襲われ、大きな被害を出したのは記憶に新しい。

これら日本海東縁部の海嶺は、いずれもが海底の活断層の運動によって隆起したものであり、地震活動や地殻変動を伴っている。そこで、地殻変動の激しいこの地帯を、**日本海東縁変動帯**と呼んでいる。

一九八三年の日本海中部地震をきっかけに、日本海東縁部の地質構造や地震活動の見直しが行われ、中村一明（東京大学）、小林洋二（筑波大学）らによって、ここが誕生間もないプレート境界ではないかとの提案が新たになされた。

すなわち、日本海を含むユーラシアプレート（現在はユーラシアプレートを細分し、アムールプレートとする考えが有力）と、北米プレートの一部（オホーツクプレートとする考えもある）と考えられる北海道と東北日本の間で衝突が起き、その圧縮力によって海嶺が隆起し、また、一部の日本海の海底は東北日本の下に沈み込みを開始しているという考えである。この考えはその後、多くの研究によって検証された。

一方、東北日本の内陸部には、奥羽山脈や出羽山地などの南北に伸びる山脈と、それと平行に分布する盆地（新庄盆地など）が存在する。この地形は、地震を起こす活断層を伴い、地殻に働く圧縮力によって形成されたと考えられる。

さて、山地から盆地に運搬されて堆積した砂礫《されき》層の形成年代などによって、このような変形が第四紀から（約二〇〇万年前）活発になったことが推定されていた。もし、日本海東縁変動帯の変形と、東北日本の内陸の変形の原因が同じであれば、日本海の海域で起きる地震も、東北日本の内陸で起きる地震も、プレート境界の活動という新しい観点から見直すことが可能となる。

では、この考えを立証するにはどうしたらよいだろうか。それには、日本海東縁変動帯の変形が、東北日本の内陸の変形と同時に始まったことを示せばいい。

現在の**奥尻海嶺**は、東側に急崖《きゅうがい》があり、西側に傾いた地形をなしている。東側には海盆が存在し、そこには河口や浅い海から砂などが流れ込んだタービダイト層が堆積している。タービダイト層は、海底の低い所を流れる海底土石流等が運んだものであり、奥尻海嶺の上までは砂を運搬することができない（口絵⑥を参照）。

したがって、奥尻海嶺の斜面において、最後にタービダイト層が堆積した年代を調べることによって、奥尻海嶺の隆起の年代を知ることができる。

このような仮説に基づき、玉木賢策（東京大学）らは、国際深海掘削計画に対して掘削提案を行った。

結果は、約二〇〇万年前からタービダイト層が堆積できないほどに奥尻海嶺が隆起したことを示していた。このことにより、日本海東縁変動帯の変形も東北日本の内陸の変形もほぼ同時に始まったことが証明された。

さらにこのことは、日本海東縁変動帯が新潟から近畿、そして中央構造線に伸びる変形地帯と連続しており、日本海中部地震や北海道南西沖地震、新潟地震、兵庫県南部地震もその境界での一連の地震であるという考えに発展した（図２－３）。

この一連の変形地帯は、我が国でも最も活動的な地域の一つであり、地震被害のポテンシャル予測などに重要な示唆を与えるものだ。この境界で起こった二〇〇四年一二月二六日の新潟県中越地震も、このことを強く認識させる結果となった。

## 日本海の誕生

一九七〇年代後半から八〇年代前半にかけて、乙藤洋一郎・鳥居雅之らの京都大学や神戸大学などのグループは、一連の興味深い研究を展開していた。それは日本列島や周辺域に分布する一五〇〇万年前頃の火山岩や堆積岩について、残留磁気を測定するというものである。このような学問分野を古地磁気学と呼んでいる。岩石が一種のコンパスであることは第一章で述べた。

彼らの研究結果は、次のことを示していた。一五〇〇万年前より古い地層の示す残留磁気のN極（磁北）は、本州中央部を横切る断裂帯である糸魚川《いといがわ》―静岡構造線を挟んで西南日本で約四五度時計まわりに、東北日本で約二〇度反時計まわりに回転しており、それより新しい時代の地層は現在と同じ磁北方向を示していた。

岩石の獲得した残留磁気のN極は、岩石がそのままの状態におかれていたら、常に北を指すはずである。それが違っているということは、岩石自体が回転したこと、すなわちこの場合は、西南日本や東北日本が、一五〇〇万年前に観音開きのような回転運動を行ったことを示している。西南日本や東北日本で測定された回転を元に戻すと、ちょうど日本海が閉じるので、この古地磁気研究のデータは日本海の形成過程を記録していたということになる。

しかし、一方でこのデータは大きな問題を提起していた。日本海の形成時間が極端に短いのである。データを詳しくみると、回転運動は約一〇〇万年間で終了している。そのためには、もともと大陸の一部であった西南日本は、年間約六〇㎝の速度で大陸から分裂する——海洋底の拡大が起こる——必要があるが、プレートテクトニクスの〝常識〟では、このような速い速度での海洋底拡大は知られていない。これが本当であるとすると、何か異常なことが起こったことになる。

国際深海掘削計画は、この検証のために日本海の掘削を行った。日本海の海洋底拡大の年代を決定しようとしたのである。しかし結果は、あまり満足のいくものではなかった。海底からは、約二五〇〇万〜二〇〇〇万年前の浅海や三角州に堆積した砂岩層がみつかった。このことは、この時代に大陸の分裂が始まり、海が進入しはじめたことを示している。しかし、実際に海洋底拡大がいつ起こったのかは決定できなかった。その一つの理由として、日本海の地層中に含まれる石油やガスの問題があった。

ジョイデス・レゾリューションでは、石油やガスを含む層は危険が大きいために掘削できない。日本海の掘削地点は、これらの危険性の小さい所が選ばれたが、大和堆北方の掘削では、その途中でガスの兆候が顕著となり、掘削中止となった。

日本海の誕生の始まりを示す大陸地殻の分裂は、二五〇〇万〜二〇〇〇万年前までに起こった。おそらく海洋底拡大は、常識的には二〇〇〇万年前から一五〇〇万年前まで進行したと考えられ、〝異常な急速拡大〟は検証できなかった。深海掘削のデータは、急速拡大の考えを否定するものではなかったが、問題の検証は先送りとなった。

今後、「ちきゅう」を用いた掘削を行い、この問題が解明されることが期待されている。

## 日本というフィールド

プレート沈み込み帯において、火山列島（島弧）そして日本海、四国海盆などの背弧海盆がどのようにして誕生するのかは、地球科学にとって重要な課題である。

地球に大陸地殻と海洋地殻の二種類の地殻が存在することはすでに述べた。太陽系の岩石を主体とする地球型惑星（水星、金星、地球、火星）において、大陸地殻（花崗岩地殻）が知られているのは地球だけである。それはなぜなのだろうか。

現在、おそらく島弧が大陸地殻の〝種〟であり、島弧が集合して大陸を造っていったとの考えが有力である。日本列島周辺の地球科学の研究は、地震や火山、大陸地殻形成などの研究にとって大変重要なフィールドとなっている。今後の深海掘削の成果が待たれる。これについては第六章で述べよう。

### コラム2－1　古地磁気学

鳥居雅之（岡山理科大学教授）

過去の地球磁場の研究をしている者（古地磁気研究者）の共通の夢は、現在観測しているような質と量で、過去の地球磁場を「観測」したいということです。つまり、地球上にできるだけ均等にばらまかれた地点で、時代ごとに地磁気を均一に観測することです。これはまさにＩＯＤＰによってのみ実現可能です。世界中の海底からコア試料を採取し、そのデータを集めて解析すれば、過去の地球磁場を今みるようにみることができるはずです。

とくに、陸地の少ない南半球からデータを得るためには、海底試料しかありません。古地磁気研究者たちは皆、南半球のＯＤＰ空白地帯から良質のコアが手に入る日を夢みています。それはきっと「ちきゅう」によってもたらされるでしょう。

深海掘削研究における古地磁気学のこれまでの主要な役割は、ほとんどの場合、掘削されたコアの年代を推定することでした。ですから、測定できそうなコアが採れそうな航海ならあまりこだわらずに乗船する、というのが、古地磁気研究者共通の行動パターンかもしれません。

彼らはこのように試料の年代推定という、各航海にとって必須の研究を担っているので、ほとんどの航海に二名ずつ乗船することになっています。ＤＳＤＰからＯＤＰまで、乗船した日本人古地磁気研究者は延べ四七人を数えます。正確に比較したわけではありませんが、国内の他の分野に比べても、また他国の同業者に比較しても高い割合で日本から古地磁気研究者が乗船してきたように思えます。日本では、Matuyama Chron にその名前を記念された松山基範、"Rock Magnetism"の大著を著した永田武という二名の先駆者によって、古地磁気学、岩石磁気学研究の優れた伝統が築かれ、そのため研究者の層がかなり厚かったので、多数の古地磁気研究者が乗船できたのだと思います。

さて、読者のみなさんに、私がとくに強調したいのは、船上というきわめて特殊な研究・生活環境です。大きな船とはいえ所詮閉じられた空間です。そこでさまざまな国から集まった一〇〇人を超える人間が、約二カ月間過ごすわけです。当然ストレスが発生しますし、それに負けた人もいたようです。

一方、それだけの濃厚な人間関係ですから、人種を超えてすばらしい友人がみつかることもあります。私にはＯＤＰの航海で出会い、今でも家族ぐるみの交際を続けている友人が二人います。別の言い方をすると、一年間の海外留学に十分匹敵するくらいの経験が得られると思います。船上の「非日本的空間」のインパクトをぜひ若い人たちに味わってほしいと思います。学部生や修士の人たちもどんどん乗船して、未知の世界を体験してみましょう。

# 第三章　激変した地球環境

## 三－1　堆積物に残された記録

### 地球に何が起こったのか

陸地から遠く離れた深海底には、海面付近（だいたい一〇〇m程度の深さまで）に多く生息しているプランクトンの遺骸、気流に乗って飛んできた粘土などの細かい鉱物粒子、火山の噴火によって噴き上げられた火山灰などが降り積もっている。これを**遠洋性堆積物**と呼んでいる。

一方、陸地の近くでは、河口から流れ出した砂や粘土が、海流によって運ばれたり、あるいはあたかも雪崩のように海底を流れ下る海底土石流によって運搬される。海底土石流等によって運ばれ、堆積した砂や粘土をタービダイトと呼ぶことは、すでに第二章で述べた。

遠洋性堆積物やタービダイトには、地球環境の変化が記録されている。

たとえば、海流の状態が変化して、海水中の栄養分が豊富になれば、プランクトンが多く発生し、降り積もる遺骸の種類や堆積物の量が変化する。大陸が乾燥して砂漠化が進めば、気流によって運ばれる鉱物粒子の量も増える。

陸地の近くにおいては、地形や植生の変化がさまざまな形で堆積物に記録される。たとえば、ヒマラヤ山脈のことを考えてみよう。ヒマラヤ山脈からは、ガンジス川、インダス川などの河川が流れ出し、多量の土砂が運び出されている。土砂は河口付近で大きな三角州を造っている。

それだけではない。三角州からさらに海底土石流となって流れ、堆積した土砂は、インド洋の深海底に広がり、実に河口から三〇〇〇km も運搬され、タービダイトとして堆積し、海底扇状地を造っている（口絵四〜五ページ参照）。このヒマラヤ起源の砂や泥のタービダイトは、ヒマラヤ山脈がどのようにして高くなったのか、それによって地球に何が起こったのかを記録しているはずである。

## 氷河時代の証拠

一九世紀中頃、スイスの地質学者ジャン・アガシー（Jean Louis Agassiz）は、アルプスの氷河の研究を発表し、過去にヨーロッパに広大な氷河が存在したことを提唱した。この考えは、それ以後広く受け入れられ、一九世紀の後半にはヨーロッパだけでなく北米大陸にも氷河が発達したことが明らかにされた。

このときの氷河は、山岳地帯だけでなく、大陸に広く分布したので、大陸氷床《たいりくひょうしょう》と呼ばれている。

アガシーは、氷河性の地形や地層の研究から、六〇万年前以降に氷河時代が四回訪れたと考え、その学説は実に一九六〇年代まで広く受け入れられていた。

一方、氷河時代がなぜ訪れたのかについては、種々の学説が提案されたが、はっきりした証拠に乏しく、検証には至らなかった。ところが、氷河時代についての研究は、深海底の堆積物の調査から大発展を遂げることになる。

海洋底拡大説の証拠が次々と収集されていった一九五〇年代から、モーリス・ユーイング(Maurice Ewing)が率いるラモント地質研究所は、世界中の海底からピストンコアラーによって表層堆積物の試料を収集していった。

ピストンコアラーとは、ピストンを内蔵したパイプに五〇〇〜一〇〇〇kgのおもりを取り付けて海底に突き刺し、堆積物の試料を柱状に採取する装置である(図3-1)。

五〇〇t足らずの元帆船であるにもかかわらず、ラモント地質研究所の研究船ビーマ(Vema)は、実に二〇〇万kmにおよぶ航海を行い、世界中の海から柱状試料(コア)を収集していった。

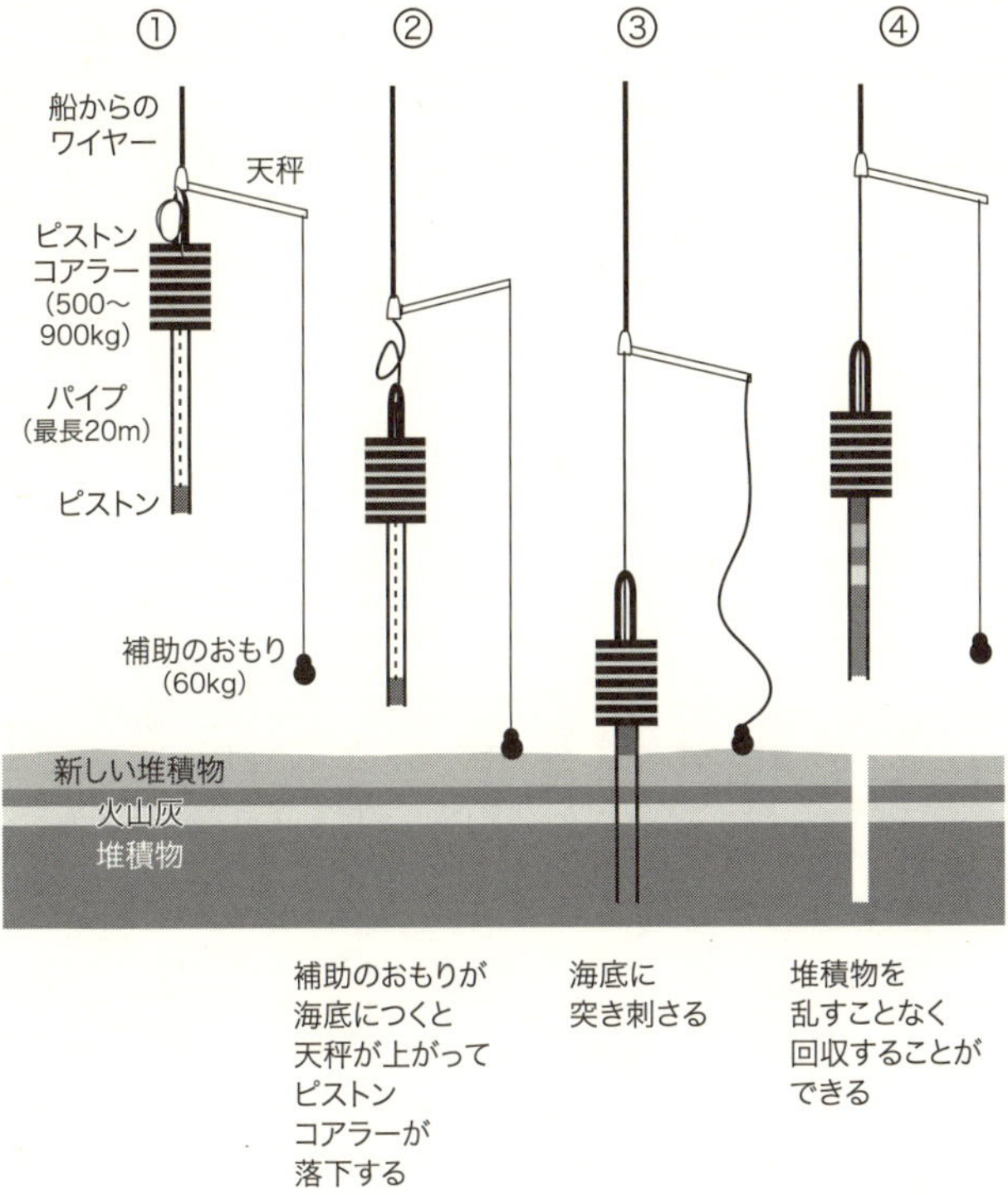


図3-1　ピストンコアラー

一九六〇年代に、海洋環境の研究にとって画期的な手法が開発された。それは有孔虫の炭酸カルシウム（$CaCO_3$）殻に含まれる酸素の同位体比の測定である。

有孔虫とは、通常大きさが数㎜以下の小さな原生生物で、炭酸カルシウムの殻を作る（図3－2）。沖縄などの海岸で「星砂」と呼ばれるものは、その多くが有孔虫の殻からできている。

この生物は、海洋表層を浮遊するもの（浮遊性有孔虫）と、海底に付着して生息するもの（底生有孔虫）に区別することができる。また、環境に応じて多様な形態を示すとともに、地質時代において殻の形態変化が大きく、時代の同定に有効である（このことは第一章のコラム1－1を参照）。

さて、地球に存在する酸素（O）には、主として原子量が一六のもの（$^{16}O$）と一八のもの（$^{18}O$）が存在する。化学的性質は同じであるが、原子量が違うものを元素の同位体と呼んでいる。

$^{18}O$の存在量は、酸素全体の約〇・二％である（$^{17}O$も存在するがごく微量である）。$^{18}O$は原子核に中性子が二つ余分に含まれており、$^{16}O$より重いことが特徴である。海から水（$H_2O$）が蒸発する時、$^{16}O$を含む水は軽いので、$^{18}O$を含む水より水蒸気になりやすい。氷河時代には、

海水から水が蒸発して大陸に氷となって閉じ込められた。当然、この氷は$^{16}O$を多く含む水から構成されていたはずである。同時に、その時、海水から$^{16}O$が失われるので、当時の海水は$^{18}O$に富んでいるはずである。

五〇年代から六〇年代にかけて、炭酸カルシウム中に$^{16}O$と$^{18}O$が含まれる量比（酸素同位体比）を測定するための方法として、質量分析法が開発されていった。さらに七〇年代になると分析技術がさらに発展し、微量な有孔虫の殻（一個の殻でも測定が可能になった）に含まれる**酸素同位体比**が分析できるようになった。

エミリアニ（C. Emiliani）やシャックルトン（N. J. Shackleton）は、有孔虫殻の酸素同位体比が、実は海水中のそれと平衡しており、棲息時の海水中の酸素同位体比を記録していることを証明すると同時に、生息当時の海水の酸素同位体比、そしてそれから導き出される氷床の量を推定する手法を確立した。わずか一㎜にも満たない原生生物の殻が、地球全体の気候を語ってくれることを示したのである。

アメリカでは、かの調査船ビーマのピストンコア試料のコレクションが、威力を発揮していた。世界の海域からのコアについて有孔虫の種類が研究され、酸素同位体比が測定されていった。

**浮遊性有孔虫**

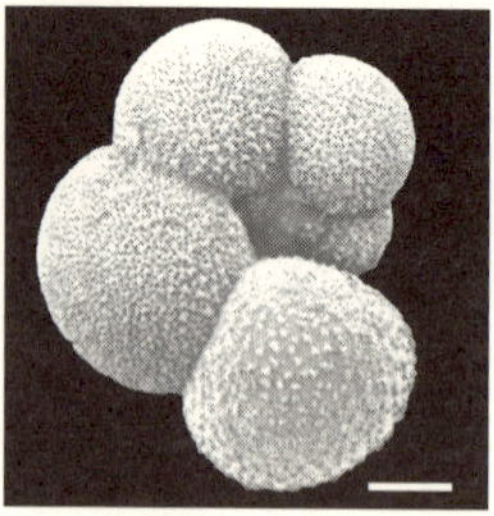

**底生有孔虫**

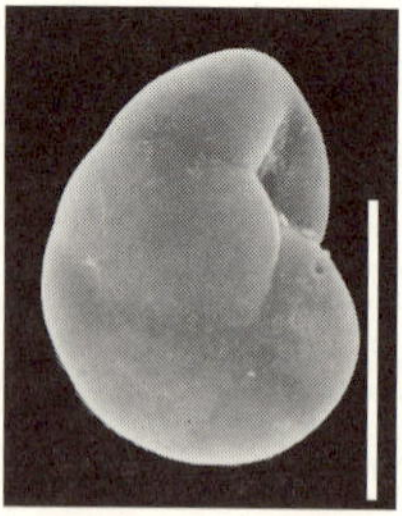

各写真のスケールは0.1mm

図3-2　有孔虫の走査電子顕微鏡写真

その結果は、驚くべきことを示していた。最近七〇万年間の地球は、一〇万年周期で氷期と間氷期が繰り返され、それに重複してさらに四万年周期（さらに二万年周期も重なることがある）で温暖と寒冷が繰り返されたことがわかってきた。アガシーの氷河時代四回説は修正され、リズムをきざむように、地球に過去何回も氷河時代（氷期）とその間の暖かい時代（間氷期）が訪れたことがわかったのである。

それでは、この一〇万年や四万年の周期とは何に起因するのだろうか。

さらに遡ること六〇年前、ユーゴスラビアの天文学者ミランコビッチ（M. Milankovitch）は、地球天体軌道の位置によって、地球が受ける太陽エネルギーが規則的に変動する（**ミランコビッチサイクル**）ことを予測していた。

地球は太陽の周りを公転しているが、その軌道は楕円形をなし、楕円軌道の形状は一〇万年周期で変化する。また、地球の自転軸は現在磁北から二三度傾いているが、自軸の傾きやゆらぎも、四万年と二万年周期で変化する。

このように楕円軌道の形や自転軸も、他の天体との関係によって徐々に変化している。天体力学の計算によって、この変化の過去を復元し、未来を予測することも可能である。ミランコビッチは、地球の気候変化に一〇万年、四万年、二万年の変動があることを予測していた。この予測は、深海堆積物から得られた氷期―間氷期サイクルと見事に一致したのである。

**深海掘削と氷床掘削**

単に海底にパイプを突き刺すピストンコアラーでは、採取できる堆積物の厚さは最大でも二〇〜四〇ｍである。さらに過去まで歴史を遡るためには、より深く地層を掘り抜く必要がある。

そこで国際深海掘削計画では、できるだけ地層を乱さない方式（水圧によって試料採取管を押し込む方式で、二〇〇ｍぐらいまで採取可能）を導入し、各地で深海堆積物を採取していった。

その結果、顕著な**氷期―間氷期サイクル**は、二八〇万年前から開始されたこと、九〇万年前までは四万年サイクルが卓越していたこと、寒暖の差が五〇万年前からとくに激しくなり、一〇万年サイクルが顕著になったことが明らかになった。氷河時代は過去二八〇万年間に三〇回以上訪れていたのである（図３－３）。

氷期については、氷床量の変動のほかに、当時の大気組成についても重要なデータが得られてきた。

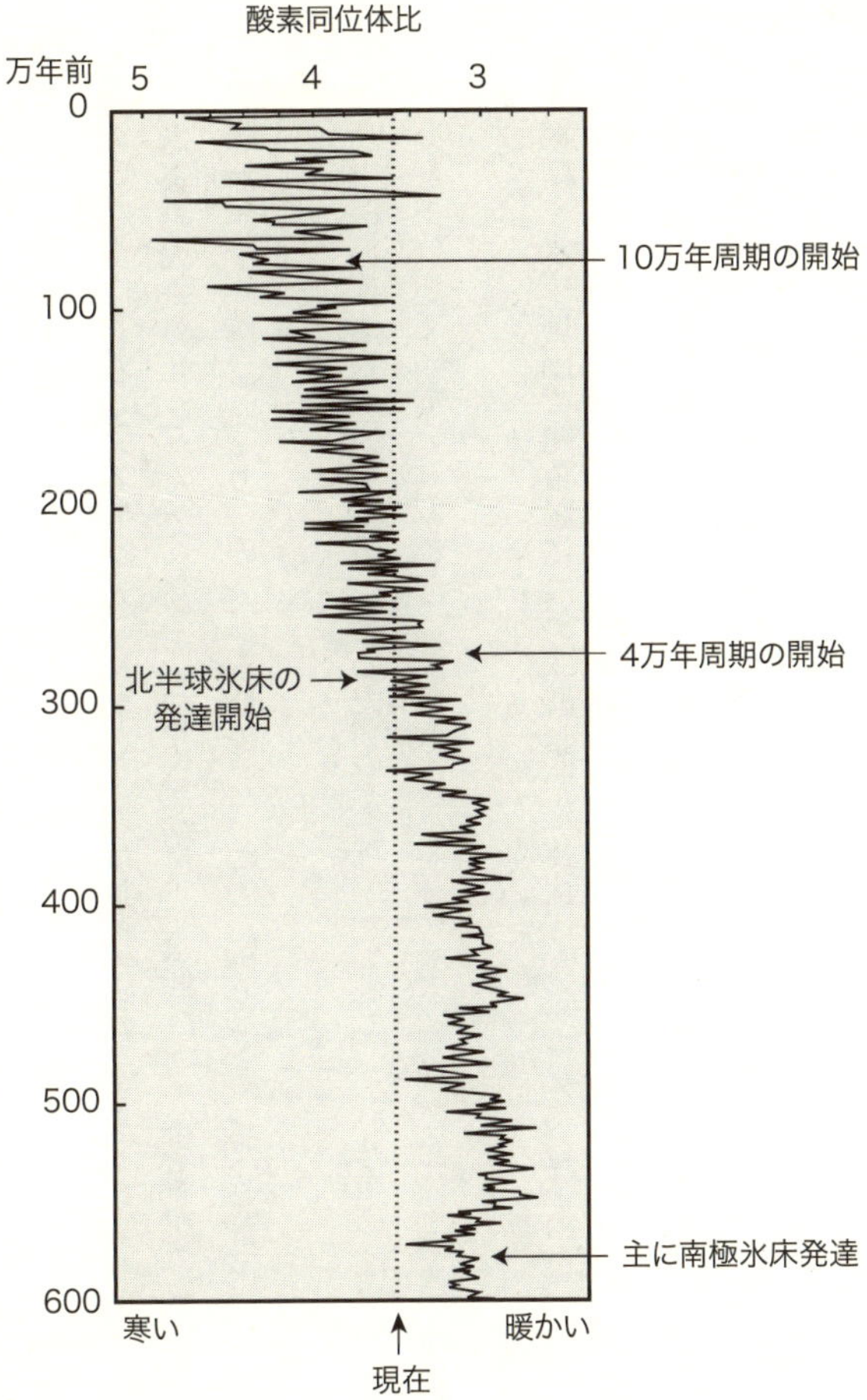


図３－３　国際深海掘削計画第846孔、第849孔（赤道太平洋）で得られた酸素同位体比変動

南極の氷には、氷ができた時の空気がそのまま気泡として取り込まれている。南極の氷は、氷の重さで気泡の圧力が高くなっているので、解けるとパチパチと音がするのが特徴である。南極のボストーク基地（当時ソ連）において**氷床掘削**を行い、取り出された氷に含まれる気泡（過去の大気のサンプルである）を調べた結果、氷期は、大気中の$CO_2$濃度が今より約一五〇ppm（一ppmは一〇〇万分の一）も低い、二〇〇ppmほどであったことが、わかったのである。

こうして得られた過去の大気中$CO_2$濃度の変動パターンも、有孔虫の酸素同位体比変動パターンと一致していた。日本が行った「ドームふじ」での掘削においても、同様の結果が得られた。

海洋掘削や氷床掘削で明らかになった酸素同位体比、大気の鉱物粒子の量（いわゆる黄砂に相当する。氷期に多い）、大気$CO_2$濃度（氷期に低い）などの変動に、ミランコビッチサイクルは明瞭に認められる。しかし、それらがどのようなメカニズムで氷河の消長と結びつくのか、謎はさらに深くなった。この問題は、未解決のまま残されている。

## コラム3－1　地球環境変動の解明を期待

多田隆治（東京大学教授）

二一世紀は、人類自らが招いた地球環境危機と戦わねばならない時代となるでしょう。しかし、現在の地球環境問題に対する社会の取り組み方は、ともすれば場当たり的で、問題の本質的な解決策を講じているとは到底思えません。これは、我々の知っている地球環境が、たかだか一〇〇年の近代観測記録や、長くても数千年の歴史記録に基づくものだからということが言えます。

しかし、現在の地球環境やその安定度が、地球にとって当たり前の状態であるという保証はどこにもありません。むしろ、微妙なバランスの上に、奇跡的に保たれているものかもしれません。こうした疑問に対する答えは、地球の歴史全体の中で、現在の環境がどのように位置づけられるかを確かめることで、初めて得られるものだと思います。

また、プレート運動やマントル対流などの固体地球の変動が、地球環境にどのような影響を与えるかについて明らかにすることも、大変重要だと思います。これは、数百万～数千万年スケールでの固体地球の変動が、気候や環境を、現在までどのように変化させてきたかを調べることで得られるでしょう。

人類は今後、地球環境を人為的に制御することを考えるかもしれません。そのためには、地層に記録された過去の地球環境の変動を解析して、復元された気候変動と固体地球の変動との相互作用を解明することが必要不可欠です。地球環境とその変動のメカニズムの本質を理解することは、人類の未来にとって大変重要なことだと思います。

アジアには、世界の人口の半分以上が居住していて、その生活はアジア・モンスーンの影響を強く受けています。また、人口の多くは、海面変動の影響を大きく受ける三角州などの低地帯に密集しています。

アジア・モンスーンは、以前は離れていたインド亜大陸がユーラシア大陸に衝突し、ヒマラヤ・チベットが隆起したことで強化されたとする仮説が、気候モデルのシミュレーションによって支持されています。

その仮説の検証には、ヒマラヤ・チベットが隆起した時期、過程を明らかにした気候モデルを作成するとともに、各隆起段階で起こる気候変動を、実際に採取した堆積物から復元できる古気候の記録と、照らし合わせる必要があります。ここ二〇年来、こうした試みが繰り返されてきましたが、検証に必要なデータが十分集積されることなく現在に至っています。

ＩＯＤＰは、こうした問題を解決するうえで、きわめて有効な手段だと思います。アジア諸国の研究者の連携を図り、その力を結集した掘削プロポーザルを提案することによって、「ヒマラヤ・チベットの隆起とアジア・モンスーンの進化」に代表されるような、固体地球の変動と気候変動の相互作用の解明を進めていきたいと考えています。

人類自らが招いた地球環境危機と戦うための第一歩として、ＩＯＤＰがその道を拓《ひら》くことでしょう。

## 三－2　温室地球環境

### 現在の地球は寒い？

現在、人間は化石燃料を消費して$CO_2$を大気に多量に排出している。この結果、産業革命以降、大気$CO_2$濃度は八〇ppm増えて三五〇ppmとなった。さらに現在は、その値が三八〇ppmとも言われている。その結果、**温室効果**による地球温暖化の進行が懸念されている。

温室の中が暖かいのは、ガラスが可視光線はよく透過するが、より波長の長い赤外線は吸収し、温室内を暖めるからである。

太陽エネルギーの大部分は可視光線として地球に降り注ぐ。可視光線は地表や海面に当たると、その多くが赤外線に変化して再び宇宙空間へと放出される。大気に含まれる水蒸気や$CO_2$、$CH_4$は、赤外線を吸収する働きがあるので、大気を暖める効果がある。これが温室効果である。

しかし、地球史を振り返ってみると、現在の地球は、どちらかというと寒い気候の状態にある。氷期―間氷期サイクルが始まった二八〇万年前より以前に、地球には今より明らかに温暖な時代があった。その中でもとくに温暖だったのは白亜紀である。

## 白亜紀の世界

恐竜が繁栄していた約一億二〇〇〇万〜九〇〇〇万年前、地球は今とはまったく異なった環境であったと考えられる。つまり、現在に比べ、海水面は最大で二五〇mも高く、大陸の表面は約四〇%も水没しており、南極や北極に氷床は発達していなかった。

現在の氷床が全部解けても、海面は七〇mほどしか上昇しない。白亜紀の海面上昇には明らかに別な理由も加わっていた。

この時代の有孔虫の酸素同位体比を検討すると、海洋は表層や底層を通して、全体として今よりずっと暖かかった。現在の深海の水温は、ほぼ二℃である。

では、なぜ深海の海水温度は低いのだろうか。読者諸君は、おそらく光が届かない暗黒の世界だからと考えるだろう。しかし、この理由は正しくない。

実は、グリーンランド沖と南極周囲で表面冷却され、重くなった海水が全世界を循環しているから、海洋の深層にある水は冷たいのである。太平洋では、深層水は約二〇〇〇年かかってグリーンランド沖からたどり着く。

底生有孔虫の酸素同位体比の検討から、白亜紀には、海洋深層に現在よりはるかに温かい（一五℃程度）海水があったと推定されている。

さらに顕著なのは、この時期にしばしば海底にヘドロのような泥（有機物に富んだ黒い泥。これが固結したものを黒色有機質泥岩という）が堆積したことである。

ヘドロというと、東京湾や大阪湾などの汚染された海底の泥を思いだすだろう。これらの内湾では、生活排水などに含まれる栄養分が多量に流入してプランクトンが大発生し（たとえば赤潮など）、その遺骸が分解される際に海中の酸素が消費され、海水全体が無酸素状態になってしまう。こうなると魚や他の生物は生息できなくなり、また、遺骸の残りの有機物についてもそれ以上分解が進行しないので、有機物に富んだ泥が堆積する。

これを解消するには、栄養分の供給を抑え、海水をよく攪拌《かくはん》して、空気中の酸素を送り込めばよい。実際、同様なことが起きやすい養殖池や水質浄化槽などでは、空気の注入が行われている。

白亜紀の海も、無酸素状態になったことが何回かあったらしい。その理由は、温暖化が極端に進んだことによると考えられる。

海洋の表層は温暖化で暖まり、蒸発し、塩分濃度の高い生ぬるい海水が深層に停滞した。

海水の上下方向の循環はほとんどなく滞《とどこお》り、海底には分解されずに残ったプランクトンなどの生物の死骸からなる有機質の泥が、堆積したのである。

では、なぜ温暖化が起こったのだろうか。この原因として、巨大な火山活動の存在を指摘できる。

赤道太平洋に位置する大きな海中の高まりであるオントンジャワ海台は、差し渡し二〇〇〇kmもあり、アラスカ州ほどの大きさを有する（口絵四〜五ページ参照）。この高まりは一つの大きな火山体（地球上最大）であり、一億二〇〇〇万年前に大噴火を起こして造られた。これと同様の巨大火山が、白亜紀にはいくつも噴火したのである。

この大噴火によって、大気に大量の火山ガス（$CO_2$を含む）が放出された。

この巨大噴火の原因は、マントル内に発生した大規模な熱対流と考えられる。マントルは暖められると熱膨張を起こす。この時代、海底のマントルは熱膨張し、海底が盛り上がって浅くなり、それに伴って海水面が上昇し、陸地へと海が進入した。陸地の減少は森林面積の減少につながり、大気$CO_2$濃度をさらに上昇させたと考えられる。

おそらくマントル対流の異常から発生した巨大噴火、火山ガス放出と海面の上昇、大気$CO_2$濃度の上昇と温室効果による気温上昇、海水の温暖化と海水循環の停滞、海水に含まれる溶存酸素の減少、海底における有機物の蓄積（黒色有機質泥岩の堆積）という連鎖反応によって、白亜紀の世界は説明できる。

国際深海掘削計画は、白亜紀のこのような世界像を作るうえで、基本的な貢献をしてきたが、まだ連鎖反応の一つひとつが検証されたわけではない。これは全体が仮説である。現在、さらに詳しい研究が、大河内直彦、黒田潤一郎などの若手研究者によって推進されている。

さて、白亜紀の世界は遠い一億年前のことで、現代の私たちとは無関係な昔話なのか。いや、そうではない。

まず、当時堆積した黒色有機質泥岩は、実は**石油の源岩**（石油を生み出す有機物に富んだ岩石のこと）として、大変重要なものとなっている。人間は、その恩恵を受けて近代工業文明を発達させ、そしてそれを使い、再び白亜紀のように地球を温暖化させようとしている。

地球の環境にはいくつもの姿があって、現在の地球はその一つの姿にすぎない。むしろ地質時代においては、温暖な気候は地球の最も普通の状態であった。

地球温暖化は私たちに何をもたらすのか。

私たちは、もっともっと地球の歴史やシステムについて知る必要がある。このことを、白亜紀の世界は教えてくれている。

## 三－3　恐竜の絶滅

### 白亜紀と第三紀の境界

古生代以降に進化した大型動物の中で、最も長く食物連鎖の頂点に立っていたのは、明らかに恐竜である。恐竜は約三億年前から出現し、六五〇〇万年前に絶滅した。実に二億年以上にわたって地球に君臨したのだ。これは驚くべきことである。それゆえ、恐竜の絶滅の謎は、長年地質学者の興味を引いてきた。

一九八〇年、カリフォルニア大学のアルバレス父子（L. Alvarez, W. Alvarez：父親は物理学者でノーベル賞を受賞している）は衝撃的な仮説を発表した。それは、天体の衝突が地球に大異変を起こし、その結果、恐竜が滅びたという仮説である。

地球の歴史の研究において、化石は大変重要な役割を果たしてきた。一九世紀に、ヨーロッパを中心として、地層の重なりと化石の研究から地球の歴史を調べることが始まった。それによって、化石の種類が大きく変化する地層の部分が存在することがわかってきた。このような化石の種類の変化に基づいて、**地質時代の区分**（表1）がなされていった。

イギリスのドーバー海峡を始め、ヨーロッパには白い炭酸カルシウム殻のプランクトン化石（有孔虫など）を多く含む石灰岩層が広く分布しており（チョーク層と呼ばれている）、その上には、粘土層や石灰岩などからなる新しい時代の地層が重なっている。

この地層中に、化石の種類が大きく変化する境界が存在する。たとえば、アンモナイトは、この境界の上の地層からは出現しないし、プランクトンの多くの種類も絶滅している。同時代の地層の調査により、海の生物のみならず、恐竜の絶滅や植物化石の変化など、生物界の変動が世界規模のものであることもわかってきた。

このような証拠に基づいて、地質学者はこの地層の境界において、生物の世界に大きな変化があったと考え、ここに地質時代の重要な境界を設定した。中生代の白亜紀と新生代の第三紀の境である。

以来、どのような理由で生物の世界に大きな変化が生じたのか、論争が続いていた。

多くの研究者は、環境の変化、たとえば寒冷化、海面の低下、植生の変化などに原因を求めたが、海と陸とで起こった大規模な生物の絶滅を説明することは困難であった。

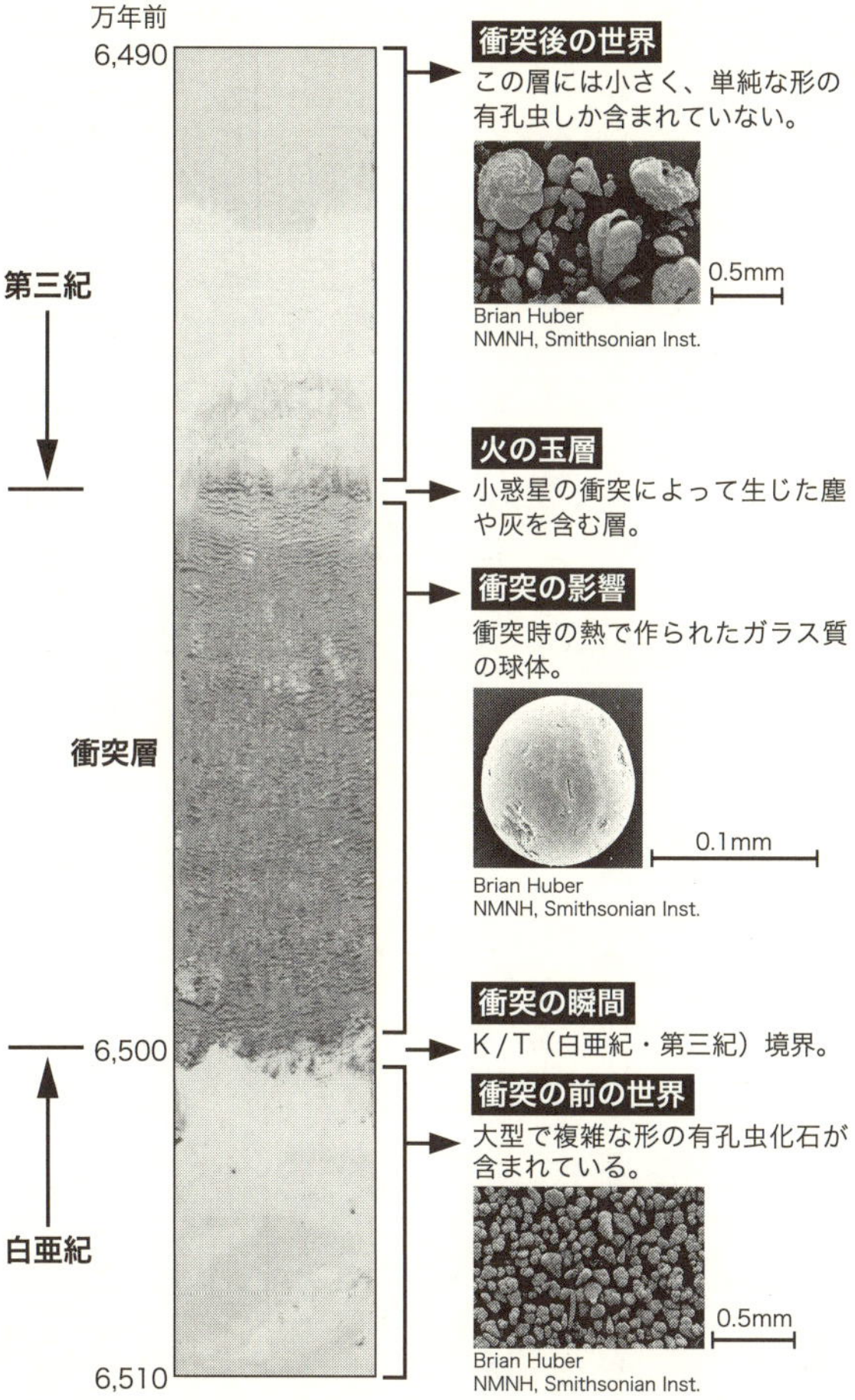

万年前
6,490
第三紀
衝突後の世界
この層には小さく、単純な形の
有孔虫しか含まれていない。
0.5mm
Brian Huber
NMNH, Smithsonian Inst.
火の玉層
小惑星の衝突によって生じた塵
や灰を含む層。
衝突の影響
衝突時の熱で作られたガラス質
の球体。
衝突層
0.1mm
Brian Huber
NMNH, Smithsonian Inst.
衝突の瞬間
6,500
K/T（白亜紀・第三紀）境界。
衝突の前の世界
大型で複雑な形の有孔虫化石が
含まれている。
白亜紀
0.5mm
Brian Huber
NMNH, Smithsonian Inst.
6,510

図3-4　国際深海掘削計画において、太平洋で採取した白亜紀と第三紀の境界層。写真の柱状試料の幅は約8㎝

## イタリアの地層

イタリア中部、アペニン山脈の麓のグッビオ付近には、中生代から新生代の地層が広く分布しており、その多くはチョーク層から構成されている。この付近の白亜紀の地層には何枚もの黒色有機質泥岩が挟まれている。この黒色有機質泥岩層の起源については、前に述べたように考えられている。

その上位に白亜紀と第三紀の境界が存在するが、そこに、一～二cmほどの厚さの茶色の粘土層が挟まれている（図3－4）。今まで、ここを何人もの研究者が訪れた。しかし、この粘土層を徹底的に研究してみようと思った者はほとんどいなかった。

アルバレス父子はこの粘土層に注目し、それがどのくらいの年月で堆積したのかを研究しようとした。そして**イリジウム**（Ir）という元素の濃度に注目した。

イリジウムは宇宙塵《うちゅうじん》に多く含まれており、ほぼ一定量で地球に降り注ぐ。したがって地層がゆっくり堆積すればイリジウムの濃度が高く、堆積が速いと、イリジウムは薄められて濃度は低くなる。

彼らのグループは当時、発達してきた化学分析技術を適用して、微量に含まれる元素の分析を行った。結果は、意外なものだった。粘土層には、イリジウムなどの白金族元素が非常に多く含まれていたのである。その量は定常的にふりそそぐ宇宙塵の量では説明できず、突発的な出来事を表していた。

イリジウムは、地殻を構成する岩石では大変稀《まれ》な元素であるが、宇宙塵と同様に隕石《いんせき》には多く含まれている。そこでアルバレス父子は、この粘土層は地球への天体の衝突によってまい上がった塵が堆積したもので、それによって引き起こされた大異変によって、生物の絶滅が起こったと提案したのである。

## 天体衝突の証拠

この説は世界中で大論争を巻き起こした。

もし、本当に天体が衝突したならば、どこかに衝突の跡が残っているかもしれない、ということで、衝突跡の探索が始まった。

そして驚くべきことに、メキシコのユカタン半島に、それらしい跡が埋もれているのがみつかったのである。さらにメキシコ湾周辺では、巨大な津波によると思われる地層も発見された。また、各地で森林が焼けた時に発生するスス（炭化した植物片）の層などもみつかってきた。アルバレス父子の大胆な説に対して、次第に証拠が集まってきたのである。

もし、ユカタン半島への天体の衝突が本当なら、当時（六五〇〇万年前）の海洋底の堆積物がよく分布している大西洋において、衝突の記録が採取できる可能性があった。

そして国際深海掘削計画は、ついに決定的な証拠を見出した。一九九七年の第一七一B節航海で、北米東岸沖のブレーク・アウター海嶺において深さ四〇〇mを掘削した所で、厚さ一〇cmの奇妙な層がみつかった。

その層の下部には円いガラス玉が密集しており、上部は細かい粘土から成り立っていた。その層を境に、上下で有孔虫の化石群集が激変していた（図3-4）。

天体が衝突すると、猛烈な熱が発生し、岩石が溶けて吹き飛ぶことが予想される。溶けた岩石の〝しぶき（飛沫）〟は、空中で冷えてガラス玉となって広く降り注ぐ。ユカタン半島からブレーク・アウター海嶺までの距離は約一六〇〇km。地質学的な検討によると、当時から、そんなに距離は変化していないと考えられる。岩石しぶきは、それほどの距離を飛び散ったのである。

衝突は、岩石を溶かして吹き飛ばしただけでなく、巨大なきのこ雲を作り、灰を降り積もらせた。上の粘土層は、そのような灰からできたものと考えられた。あのイタリアの粘土層も実は同じ成分から造られていたのである。

## 運命の日、何が起こったのか

このようにして、衝突によって何が起こったのか、次第に明らかになってきた。六五〇〇万年前のある日、ユカタン半島に直径が一〇㎞ほどの天体が衝突した。当時その場所は、石灰岩が堆積する浅い海であったと考えられる。

衝突による衝撃と熱によって、直径二〇〇㎞の凹地（クレーター）が造られた。おそらく数百mの波高を有する津波が沿岸域を襲い、また、高温の爆風は森林を根こそぎにすると同時に焼き払ったに違いない。

さまざまな大きさの溶けた岩石や巨大岩塊が降り注ぎ、岩石しぶきはガラス玉となって広い範囲に散らばった。噴煙柱は、すぐに全地球を覆い、太陽光線が遮《さえぎ》られ、地上温度は急冷化しただろう。地球は暗黒の冷夜に何日もつつまれて、光合成植物には大打撃となった。

やがて上空の塵が落ちて大気が少し澄んでくると、水蒸気や$CO_2$による温室効果が著しくなり、今度は温度が急上昇していった。

激しい温度変化、広い範囲に降り注いだ灰、津波や森林火災によって、生態系は大打撃を受けた。これに適応できなかった生物は滅び、一部は生き残り、新しい生態系へと変化していった。今日の地球生態系を出現させるうえでの一つの大きな出来事だった。

さて、恐竜は本当に滅んだのだろうか。一説には、鳥類と恐竜は非常に近縁な動物であるという。ジュラ紀から恐竜の仲間で羽毛を持った小型の種類が出現していた。その一部は、さらに始祖鳥のように、恐竜とも鳥とも言えないような動物となっていた。この種の動物は、生き延び、鳥類になったと考えられる。

恐竜は、あの日が来ることを知っていて、子孫の延命を準備していたのだろうか。それは考え過ぎだろうが、今日みられる生物界の様相は、明らかにあの日の出来事の影響が認められるのだ。もしあの日の出来事がなかったならば、人類が誕生したのかどうか、それはわからない。

# 第四章　新しい地球観の構築

# 四-1　地球という星

### 宇宙からみた地球

二〇世紀、人類が記録した最も感動的なシーンの一つに、月面からみた「青い地球」があげられる（口絵⑦）。

荒涼とした灰色の月世界の地平のはるかかなたに、海の青、雲の白が混じった地球が映し出されている。まさに暗黒の宇宙空間に浮かぶ宝石のようである。

これをみていると、地球は宇宙に浮かんだ星の一つでしかなく、人類は他の生物とともにここに乗り込んだ一乗組員であり、全体が運命共同体の一員でしかないということがわかる。地球の全体像が、映像としての感激の段階を経て、科学として理解されはじめたのは、ここ二〇年程度のことである。

海洋底拡大説からプレートテクトニクスへの展開は、地球の岩石からなる部分の比較的上部、すなわち地殻とマントルの上部がどのような運動をしているのか、それを描き出し、合理的な説明を与えることに成功した。

しかしながら、それはせいぜい地球の表面から数百km下までの部分についての説明にすぎない。

白亜紀の温暖な地球の姿は、地球内部の出来事が、地球表層の環境や、生態系に大きな影響をおよぼすことを教えてくれた（第三章三－2）。

近年、地球は明らかに温暖化している。前述のアガシーが研究を行っていた当時と比べても、アルプスの氷河の末端は大きく後退し、縮小している。シベリアの凍土も解け方の進行が早いと言われている。実際に地球の平均気温は上昇している。この温暖化は、産業革命以来の化石燃料の消費による、大気$CO_2$濃度の上昇によるものとされている。

未来の地球と私たちの姿はどのようになるのだろうか。温暖化の影響は、気候だけの現象なのだろうか。もしかすると、それは地球内部の現象にも大きな影響を与えるかもしれない。そして、内部の変化が、ひるがえって表層の環境に影響を与えることも考えられる。今、地球全体を、一つの相互作用するシステムとして理解することが、強く求められるようになってきたのである。

## 物質の循環は地球表面だけのものか

産業革命以来、人間は人口および居住域の急速な拡大を行ってきた。化石燃料の消費による大気$CO_2$濃度の増加、それに伴う温室効果によって、地球温暖化が懸念されるようになった。

工業の発達は、鉱物資源などの枯渇をもたらすだろう。食料生産や漁業資源の利用が人口の増加に追い付かず、また、水資源の枯渇も心配されている。さまざまな生産や開発などによって引き起こされる環境汚染と地球生態系の変化は、人間そのものの生物種としての生理や遺伝に影響をおよぼしつつある。

現在、地球には約六〇億の人々が暮らしている。地球の陸地の面積は、約一億五〇〇〇万㎢であるから、単純に割り算すると、人間は一人あたり〇・〇二五㎢の土地を占めていることになる。これは、学校のグラウンド程度の大きさに相当する。

自分の所有地がそれほどあれば裕福に思えるかもしれないが、見方を変えると、食物や水、地下資源を含め、学校グラウンド程度の広さ一つにつき、一人の人間を養っていかなければならないとも言える。そう考えると、これは、とても狭い空間に思える。さらに近年、地球上の人口は増加の一途をたどっている。

人間は生物なので、種の保存や存続を望んでいる。かつて恐竜は二億年以上繁栄した。人間が持続する長寿の文明を望むのであれば、生産と消費の両方のバランスが取れた、持続平衡型の文明を構築してゆくことが必要である。

資源の消費が一方的に行われるのではなく、物質は再利用され、再生産される。そのためには、新たに消費される資源を最小限に抑え、環境破壊を少なくし、エネルギーについても有効利用し、化石燃料の消費をできるだけ減らす必要がある。また、人口も適度に制御され、爆発的な増加や急激な減少を避けなければならない。

今、人間とその活動が強く影響をおよぼしている空間（たとえば都市や農地など）を人間圏と呼ぶことにしよう。人間圏を通じて物質が活発に動いている。

たとえば、太陽放射エネルギーを利用した光合成によって作りだされた草を牛が食べ、その牛を人間が利用する。牛の排泄物は微生物に分解され、微生物の作りだした栄養分が土壌に蓄えられて草の生長に利用され、それをまた牛が食べる。というように、人間圏を通して物質（たとえば炭素）が循環し、エネルギーが消費される。

生物生産の基礎である光合成では、

$$CO_2 + H_2O \rightarrow 有機物 + O_2$$

という反応が起こる。

私たちの呼吸する$O_2$は、光合成によって作られているが、この反応のままでは、地球上には有機物と$O_2$が充満してしまう。

そこで、生産された有機物は逆の反応によって、

有機物$+ O_2 \rightarrow CO_2 + H_2O$

に分解される。この光合成と分解はバランスしているので、大気中の組成はほぼ一定となっている。

最近まで我々は、このような物質の循環が大気と海洋など、地球の極表層部だけで生じていると思ってきた。しかし、これは本当なのだろうか。我々は未来に構築すべき持続型文明を、現在得られている地球の理解だけに基礎をおいて設計してよいのだろうか。

## 四－2　バイオスフェアⅡ計画

### 予想外の出来事

ある面白い実験が一九九〇年代にアメリカで行われた。一九九一年九月から二年間、アリ

ゾナ州ツーソン、メキシコとの国境に近い砂漠地帯に閉鎖型温室を作り、その中で実際に人間が生活するというものである（口絵⑧）。これはバイオスフェアⅡ計画と呼ばれた。

温室の中には、地球のさまざまな生態系を模した部分が作られた。たとえば、熱帯雨林やサバンナ、砂漠、海洋などである。また、動物も飼われた。この空間の中で八人の人々（バイオスフェリアンと呼ばれた）が生活した。

温室と外界は完全に遮断されたが、エネルギーだけは送り込まれ、温度の調節が行われた。物質のサイクルは綿密に計算され、とくに温室内大気の $O_2$ と $CO_2$ の循環については、注意深い設計がなされたはずであった。

数カ月して予想できないことが起こった。温室内部の大気中の $O_2$ が減ってきたのである。一九九三年の二月、実験開始から一年三カ月後、当初二一％だった $O_2$ 濃度が一四％にまで下がり、生活が困難になってきた。$O_2$ の減少は、一般には有機物の分解によるので、これは何か余分な有機物の分解が起きていることを示唆していた。

有機物の分解は、$O_2$ を消費して $CO_2$ を生成する。したがって、$O_2$ 濃度の減少は、同時に $CO_2$ の上昇を引き起こしているはずである。ところが、バイオスフェア温室内部では、$CO_2$ 濃度はほとんど上昇していなかった。どうしてなのか。

バイオスフェア温室で起きた奇妙な現象の原因解明のため、地球化学者、ウォーレス・ブロッカー（W. Broecker）が調査にあたった。

その結果、$O_2$ の消費は、土壌中に含まれている微生物により過剰な有機物が分解されて生じたことがわかった。そして、この時生産された $CO_2$ は、意外な場所に吸収されていた。それは、建物に使われていたコンクリートであった。コンクリートに含まれる水酸化カルシウム（$Ca(OH)_2$）が $CO_2$ と反応して、炭酸カルシウム（$CaCO_3$）を形成していたのだった。

微生物による有機物の分解が進むにつれ、バイオスフェアⅡ温室大気は $O_2$ が減少し、その結果居住が難しくなり、計画は断念された。現在バイオスフェアⅡ温室は、大気 $CO_2$ 濃度と植物の生育との関係など、種々の実験や教育施設として使われている。

### 人類は地球についてまだほとんど知らない

バイオスフェアⅡ計画で行われた実験は、当初の目的を果たせず、ある意味では失敗だったが、同時に以下のような重要なメッセージを我々に伝えてくれた。

「計画は、土壌とコンクリートという、地球にたとえれば地表から岩石圏の役割を十分に理解していないために失敗した。事実、コンクリートによる $CO_2$ の吸収等については、考えにも入っていなかった。また、土壌中の微生物による有機物の分解を過小評価していた」

バイオスフェアⅡ計画の教訓は、私たちはまだ地球環境を再現したり、その持続性を吟味するほどには地球を知らないということである。

人間は、将来、バイオテクノロジーや材料技術、さらに通信技術などを駆使して新しい科学技術社会を作り出すことだろう。私たちは、新しい科学技術社会の受け皿として、持続性のあるバランスの取れた人間社会を構築しなくてはならない。そのためには地球を深く理解する必要がある。私たちは、自らの住む場所そのものを十分に知らずして、新しい未来を開くことはできない。

近年、地球科学や生物科学の発展により、私たちの地球に対する理解が急変しつつある。それは、「地球内部の現象と我々の住む地球表層の海洋大気、生物、そして人間圏の営みは、従来考えていたよりはるかに密接な関係にある」という考え方である。これを**地球システム科学**と呼ぶことができる。

システムとは、個々のパーツを独立させてみるのではなくて、全体としてどのように振舞うのかを理解しようとする、すなわち、個々と全体の相互関係を明らかにしようとするものである。地球のシステムがさまざまに変化し、また、安定化したりする様子を、地球システム変動と呼ぶ。

地球システム科学の目的は、まさにバイオスフェアII計画の教訓そのものと一致する。

## 四-3　地球システム科学への道のり

### プルームテクトニクスと全地球史

一九八〇年代、プレートテクトニクスの大枠がほぼでき上がり、深海掘削においては、地球環境変動の研究が絶頂期を迎えつつあった。我が国では、付加体の地質学から大陸進化の研究が進展していった。

このような状況において、次世代を担う研究の萌芽が我が国から誕生した。

それは、**マントルトモグラフィー、プルームテクトニクス、そして全地球史解読**という一連の研究である。

深尾良夫（現海洋研究開発機構）らのグループは、地球内部を透過する多数の地震波の記録を用い、あたかもX線トモグラフィー画像解析で身体の内部を詳しくみるように、地球内部のマントルの構造を研究した。これをマントルトモグラフィーと呼ぶ。

その結果はきわめて興味深いものだった。標準的な地球内部の構造モデルに対して、地震波の通りが遅い領域と速い領域の分布がわかってきたのである。

まず、太平洋の周りのマントルを速い領域がぐるっと取り巻き、それは沈み込んでいった海洋プレートの〝溜まり場〟と一致していた。また、インドネシアなど東南アジアの下にも、広くマントルの地震波速度の速い領域があることがわかった。

一方、太平洋の中央部の南、ちょうどタヒチ島がある付近の下には、核の表面からマントルまで、地震波速度の遅い領域が円柱状に存在している。さらに、アフリカ大陸の下にもマントル速度の遅い領域があることがわかった。

マントルの岩石は、温度が高くなると〝軟らかく〟なり、さらに一部が溶けたりすれば、地震波透過速度が小さくなる。一方、温度が低いと岩石は〝固く〟なり地震波の透過速度が大きくなる。したがって、以上のマントルトモグラフィーの成果は、マントルの温度分布、さらに熱対流の様子を表していると考えられたのである。

太平洋とアフリカの下は温度が高く、マントルが上昇流となっており、太平洋の周囲やインドネシア付近は、海洋プレートの墓場であり、そこでは表面で冷やされた海洋プレートが沈み込み、マントルを冷却していると推定できる。

マントルトモグラフィーによって、プレートテクトニクスとマントル全体の対流を結び付けるような全球的な地球内部の運動の様子が理解できるようになってきた。

同じ頃、テキサス大学のイアン・ダイール（Ian Dalziel）らは、南極や北米、オーストラリアの約一〇億〜七億年前（先カンブリア時代の終わり頃）の地質が類似していることに気が付いた。そして、地質の類似性と古地磁気学の助けを借りて、ウェゲナーのパンゲア（図1－1）以前、一〇億〜七億年前にも超大陸が存在していたと提唱し、これをロディニア大陸と呼んだ。

東京工業大学の丸山茂徳、東京大学の磯崎行雄らは、このロディニア大陸こそ、日本列島に存在する古い岩石が存在した場所と考え、ロディニア大陸が、マントルからの上昇流（マントルプルーム）によって六億年前に分裂、太平洋の原形が誕生したと考えた。

彼らによれば、太平洋の周囲に海洋プレートが沈み込みを開始し、付加体が造られ、また、環太平洋のマントルはプレートの墓場となり、冷却されてマントル下降流を引き起こし、全マントル規模の対流を引き起こしたということになる。

このように、マントルの対流を考慮した地球のテクトニクスを、丸山らはプルームテクトニクスと呼んだ。

さらに丸山、磯崎らは、名古屋大学の熊沢峰夫らと組んで、プルームテクトニクスや太陽系の中での地球の姿（たとえば太陽、地球と月の天体軌道の関係や太陽の明るさの変化など）などを基礎として、地球の歴史、すなわち、生命の起源から、テクトニクス、気候変動まで、地球システムの全体像の変遷を明らかにしようとする野心的な計画を立ち上げた。全地球史解読計画である。

その中で、三七億年前の地層から付加体形成の証拠を見出したり、ハーバード大学のポール・ホフマン（Paul Hoffman）の全球凍結説（七億年前、地球全体がほぼ凍りつくような時代が訪れたとする仮説）について再検討を行ったり、三億年前の古生代・中生代の境界に一〇〇〇万年も続く海洋無酸素事件（白亜紀と同様である）が存在したことを提唱したり、さまざまな成果を上げた。

これらの一連の研究は、世界に先駆けて、地球システム変動を四六億年の時間の中で追跡しようとしたものであり、我が国の研究者が地球システム変動研究の分野で世界のリーダーとなったことを示している。

その後一九九五年以降、さらに新しい動きが起こってきた。

まず、**グローバル・ポジショニング・システム（GPS）測位観測網**の展開によって、今まで知りえなかった数カ月単位での地殻変動の様子が明らかになってきたこと。

さらに、プレートテクトニクスとプルームテクトニクスに関連して、水や二酸化炭素などの成分が大規模に地球表層と地球内部を循環している可能性があることや、地下深くに生息する微生物の存在が確実になるとともに、それがさまざまな時間と空間スケールにおいて何を地球にしているのかが大きな課題となってきたこと、である。

このように今、我が国の研究者のリーダーシップによって、新しい地球と生命の科学の扉が開かれようとしている。

「地球内部の現象と我々の住む地球表層の海洋大気、生物、そして人間圏の営みは、従来考えていたよりはるかに密接な関係にある」という考えを、科学として体系化すべく胎動が始まったと言ってよい。

思いだすと、一九六〇年代の初め、あのモホール計画が議論されていたころは、海洋底拡大説からプレートテクトニクス創始への前夜であった。実は今も同じ状況にあるのではないだろうか。新しい地球システム科学の前夜であると。

**地球の隠れた主役**

ここで、誕生しつつある新しい地球システム科学の考え方とはどのようなものかをまとめてみよう。この地球システム科学の方向は、地球と生命の関わりを深く理解するという意味で、地球生命科学と呼びかえることもできると著者らは考えている。

私たちは、近年、地球という舞台には実は隠れた主役が存在していることに気が付いてきた。それは、

1、地殻深く、さらにマントルにまで存在する可能性のある地下生物圏の役割

2、全地球を循環する水の役割

3、全地球を循環する炭素の役割

である。

これらは、地球内部と表層を密接に結び付ける主役と予想されるが、その実態はほんの少ししかわかっていない。

国際深海掘削計画や、その他のボーリングなどによって、地下深くの地層の中の微生物の存在が明らかになってきた。現在では実に地下一〇〇〇m以上の深さの岩石から微生物がみつかっている（第六章でさらに取り上げる）。このような微生物の実態について、まだ十分

なことはわかっていない。しかし、その重要な役割の一つにメタンの生成があげられる。

メタン（$CH_4$）は、最も単純な化学式からなる炭化水素で、家庭のガス燃料として普通に使われている。地層の中で、メタン生成菌が、二酸化炭素と水素からメタンを作りだしている（有機物の分解によってメタンを作りだす菌＝メタン発酵菌も存在する）。

このメタンは、一部は地下水に溶けたり、あるいはガスとして、地表に直接に滲《し》みだしてくる。たとえば我が国では、東関東の平野の下の地層からメタンが大量に滲みだしている。

メタンの一部は、**メタンハイドレート**として地下に貯蔵される。

圧力が高く、温度が低い状態で水とメタンが共存すると、メタン分子の周囲を水分子が〝かご〟のように取り囲んで、シャーベット状の物質を作る（第六章でも取り上げる。図6−6、口絵⑨参照）。これをメタンハイドレートと呼んでいる。他のガスでも同様な構造ができることがあるので、ガスハイドレートとも総称する。

メタンハイドレートの存在は、寒冷地におけるパイプライン事故によって知られるようになった。メタンが時にシャーベット状になってパイプが詰まることが起こったのである。

海底において、多量のメタンハイドレートの存在が知られるようになったのは、前述した反射法地震波探査による。

一九七〇年代になり、深海域での探査が進むにつれて、水深が数百mより大きく、温度が十分に低い海底からさらに数百mほどの地下深度で、地層の構造などに関係しない明瞭な反射面がしばしばみつかってきた。

これは、海底からある一定の深さに存在し、あたかも海底をなぞって反射面があるようにみえるため、**疑似海底反射面**（BSR＝Bottom Simulating Reflector）と呼ばれた（図2－4参照）。その後、BSRの存在する地層の深さの温度と圧力が、メタンハイドレートが安定して存在する条件と、メタンハイドレートが溶けてしまう（それより地層深くでは温度が高くなり溶けてしまう）条件の境界にあることがわかってきたのである。

国際深海掘削計画は、BSRの存在する海底を掘削し、それがメタンハイドレートと関連したものであることを初めて証明した。

地球の温暖化が進み、海水の温度が上昇すると、海底からメタンハイドレートが大量に溶けだす可能性がある。そうなれば、事態はきわめて深刻だ。メタンは二酸化炭素以上に強い温室効果を示すからである。

今から約五〇〇〇万年前の地層の記録をたどると、地球の気候が突然、おそらく数百年以内に急激に温暖化したことがわかっている。この原因とされたのが、深海底に発達したメタンハイドレートの突然の溶解である。

国際深海掘削計画では、大西洋ノースキャロライナ沖のブレーク海嶺において、東京大学の松本良らを中心として、メタンハイドレートの採取を目的として掘削を行った。

その結果、ここでは地層中に大量のメタンハイドレートが塊氷状となって存在していることが発見された（口絵⑨）。一方、周辺海域の調査から、その直上の海底面には、メタンハイドレートの溶融によってできたと思われる大きな陥没地形や海底地すべりの跡を発見した。同様なメタンハイドレートの崩壊に伴う地形は、北欧ノルウェー沖などからも報告されている。

これらのことから、メタンハイドレートの溶融が引き金となって巨大海底地すべりが発生し、メタンが海水から大気へと放出され、急激な地球温暖化を招いたとする説が提唱されてきた。今、メタンハイドレートと地球環境の関連の理解が急務となっている。

## 地下流体の役割

一見関係ないと考えられていた、地球表層の現象と地殻の運動や地下深部の現象が実は関係していることが、最近のいくつかの発見によってわかってきた。

阪神・淡路大震災の後に、全国にＧＰＳ測位観測網が展開され、日本列島の地殻変動が詳しくモニターされるようになった。その結果、奇妙な現象が発見された。それは、ＧＰＳで観測される地殻上下変動に、季節変動があることである。

たとえば、冬、東北地方は垂直方向に一〇㎜ほど沈降することがわかってきた。これは、とくに日本海側が多く沈むので、積雪の荷重の可能性が指摘されている。

積雪の荷重による変動説が正しいとすると、これは地下に流動しやすい物質が存在することを示している。その候補はマントルである。マントルは熱と水の存在によって流動しやすくなる性質を持っている。

駿河トラフ、南海トラフで起こった巨大地震には、季節性があることが知られている。六八四年から一九四六年までに一二回の巨大地震があったが、一番多かったのは一二月で五回。一方、三月から七月までは一回も起きていない。つまり、この海域の巨大地震は秋から冬にかけて起き、とくに一二月に集中する。理由はよくわかっていないが、海水温度や海流の状態がプレート境界に対する荷重に影響を与え、その結果生じた摩擦の変化が、地震発生のきっかけを作るのかもしれない。

以上みてきたように、地殻変動や地震という典型的な地球内部の現象が、積雪や地下水、海面変化、あるいは海流などの海洋大気の変動と関連している可能性がある。

その要因として注目されているのが、地球内部における流体（水やガス）の役割である。岩石中に水などの流体が存在すると、岩石の力学的性質は大きく変化する。したがって、マントルや地殻における流体の分布や挙動は、第一級の問題となりつつある。

断層の性質にも、流体の量や挙動が大きく関与する。たとえば、断層中に流体が高圧状態で存在すると、その部分の断層摩擦は著しく小さくなる。したがって流体の圧力の変動は、地震の引き金になりうる。

岩石中に多く含まれる石英は、破壊されると水素（$H_2$）を放出することが知られている。地震によって断層面が破壊されると、そこに水や$CO_2$、$H_2$が存在する可能性が大きく、温度と圧力条件によっては、微生物の活発な活動が起こっているかもしれない。微生物の活動によってメタンが生成されたり、化学反応が促進されたりすれば、断層の性質が大きく変化する可能性がある。その変化がさらに地震の引き金になるかもしれない。

また、岩石内部に滲み込んでいった水は熱水循環を引き起こす。熱水の循環はさまざまな化学反応を起こし、生命活動の活発な場所を提供する。

たとえば、マントルを構成する岩石と水との高温反応で、水素と二酸化炭素が生成される。

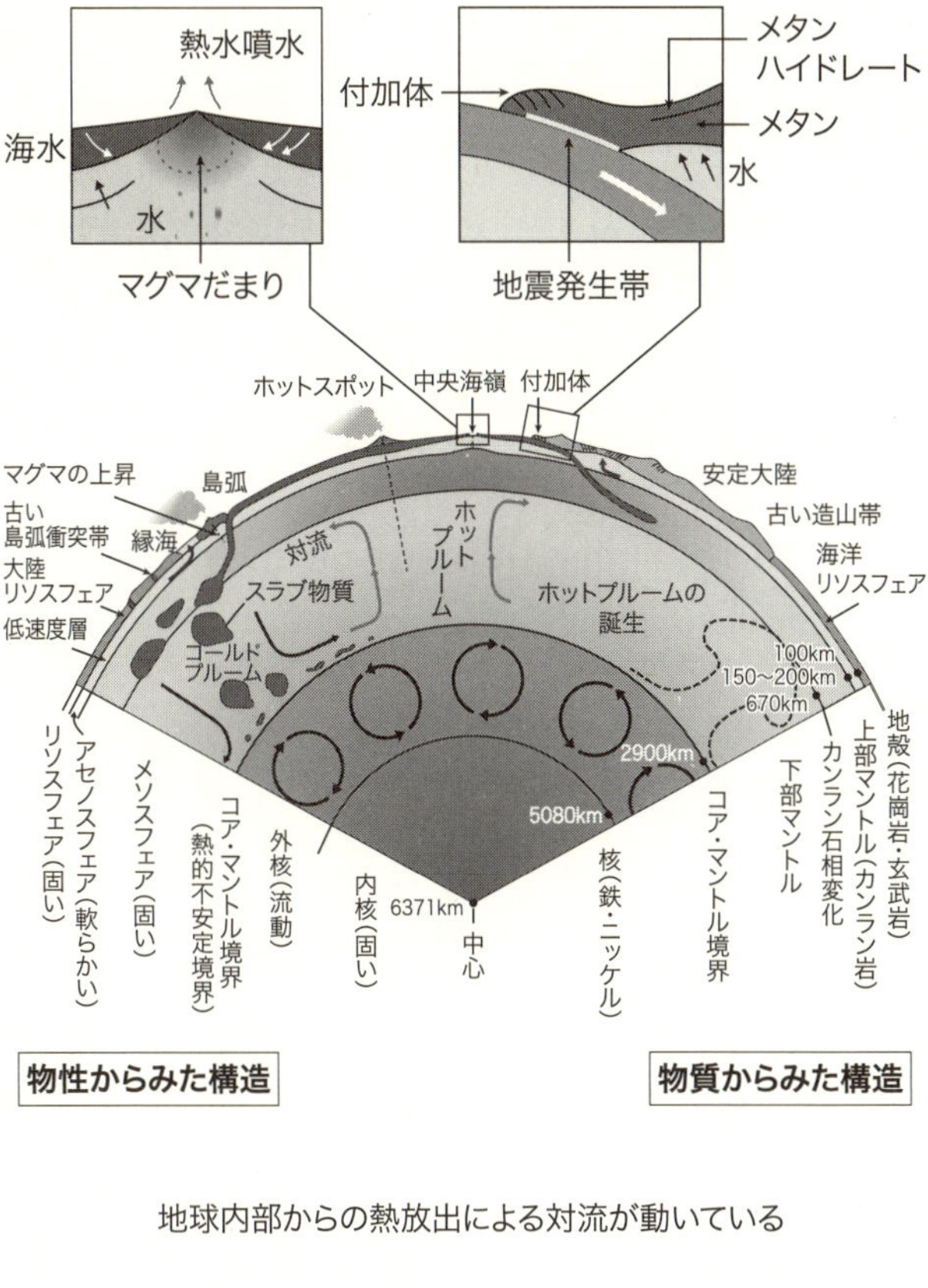


図4-1　新しい地球観。地球内部の対流や物質の様子を描いた図。このような理解はこの10年大いに進歩した。この様子と、例えば図2-5に描いた表層の様子の相互作用を理解することが、新しい地球観へとつながる

この水素と二酸化炭素はメタン生成菌などの生命活動に利用される可能性がある。すなわち、マントルが生命活動の源になりうるのである。

南アフリカのダイヤモンドは、マントルが噴出してできたキンバーライトという岩石から産出する。キンバーライトは、マントルが流体（$CO_2$ガスと推定されている）とともに一挙に地表近くに噴出して、できたと考えられる。いったいどのようにして、地下一〇〇kmよりも深い所から、岩石が高速で噴出するのだろうか。驚愕するほかはない。

このように、地球内部における岩石と流体の反応や、流体の挙動そして微生物の活動の理解は、地球システム科学のもっとも根本的な課題となっている。（図4－1）。

## 地球システム変動解明への道のり

地下流体を中心とした地球システム科学を構築するための最良のアプローチは、地球内部の主要なターゲットまで掘削し、問題となる領域を構成している物質（微生物を含む）や現場の環境（たとえば温度や圧力など）を解明し、また、その領域でさまざまな観測を行うことである。

これは、たとえばガンの検診や治療と比較できるだろう。

X線などによって問題となる領域についての特定はできても、実際にサンプルを取らないとガンの性質について詳しく検査することは難しい。同様に地球内部も、地下深部の現場に到達してこそ、現象の本質にせまることが可能となる。

深海掘削は、それを可能とする最もよい方法である。なぜなら、海洋は地球の表面積の七〇%を占め、深海底には、地球の構成要素である大気や海洋、地殻、マントルが最も隣接して存在しているからである。

しかし、従来の深海掘削の技術は、新しい地球システム変動の理解を進めるうえでは不十分である。

次世代の深海掘削は、以下の要件を充たしている必要がある。

1、地球最大の物質圏であるマントルに到達できる。海底下七〇〇〇mまでの掘削が条件となる。

2、プレート境界巨大地震の発生メカニズムを知るために、地震発生領域に到達できる。これも海底下七〇〇〇mの掘削が必要となる。

3、高温、高圧の地下からサンプルを採取したり、孔内での長期観測を行うための技術がある。

深海掘削の必要性についてもう一度まとめておこう。

我々の住む地球というものの「仕組み」を理解するには、陸上よりも深海底を探査することが優れているからである。生きている地球を理解するためには、深海底の下で起こっている現象を、まずは精度よく観測し、試料を取り、丹念に分析し、それによって地球システム科学を推し進めることが必要である。

今から一五年ほど前から、我が国の研究者の多くは、このことを痛感していた。日本列島は、地球の営みが最も活発な場所である。そこに住む我々がやらずに、誰がやるのか。

一九五〇年代、アメリカではモホール計画が熱く語られた。それから半世紀が経ち、その間、地球の理解は急速に進んだ。しかし、我々はまだ、深海底から最大二一一一mの深度までしか到達していない。その先に何があるのか。再び、挑戦の時が満ちてきた。今回は、日本の研究者がリーダーシップを取ろう。

# 第五章　「ちきゅう」の建造と運用

## 五－1　ＯＤ21からＩＯＤＰへ

### ＯＤＰの限界

一九八五年に東京大学海洋研究所に赴任した著者の一人、平は、小林和男とともに国際深海掘削計画（ＯＤＰ）の推進に従事することとなった。当時、ＯＤＰは、新船ジョイデス・レゾリューションを使った新しい計画に移行したばかりであり、参加各国は新たな意欲を持って計画推進に取り組んでいた。

我が国も文部省（当時）の支援のもと、海洋研究所が国際的な対応や国内研究の推進など計画の窓口となった。

日本の研究者の興味は、日本周辺海域のテクトニクスや古環境変動などであり、それらを支援するために、新しい調査機器の導入やそれに基づいた事前調査の実施などを進めていった。

当時、我が国の研究者の多くは、国際深海掘削計画について二つの想いを抱いていた。一つは、確かにジョイデス・レゾリューションは、グローマー・チャレンジャーと比較して大きく、実験設備なども数段優れていた。だが、基本的な掘削技術は同等であり、さらに深部を掘るという技術的な挑戦では、先駆的なモホール計画に追いついていない。すなわち、真のブレークスルーが難しいのではないかと考えていた。

もう一つは、ODPは何と言っても米国主導の計画であり、我が国を始め参加各国は計画の分担者ではあっても代表者ではない。海洋国家としての我が国の存在を示し、また我が国の優れた造船技術などの科学技術の水準を示す意味でも、次世代の国際深海掘削計画を、我が国主導で推進できないだろうかと考えていた。

## OD21計画の立ち上げ

一九九〇年、科学技術庁（現文部科学省）では、新しい地球科学技術の推進課題について意見を集約し、報告書をまとめる作業を行っていた。当時、我が国において海洋開発の指導的立場にあったのは奈須紀幸であった。奈須は次世代を見据えた国際深海掘削計画の推進を考えていた。

平朝彦は、当時地球科学におけるリーダー的な存在であった東京大学地震研究所上田誠也とともに、同報告書に新しい深海掘削の課題計画を提案した。この計画の技術的な課題については、三井造船株式会社に依頼して検討を開始した。三井造船に依頼したのは、ジョイデス・レゾリューションの姉妹船を建造した経験があったからである。

奈須は、我が国研究者のこのような考えをさらに発展させ、科学技術庁と海洋科学技術センター（現海洋研究開発機構）の協力のもと、新たなプログラム「ＯＤ21計画＝Ocean Drilling in the 21st Century 計画」を発足させた。

ＯＤ21計画は、我が国がマントル掘削船を建造し、それを二一世紀初頭に国際的な計画に投入しようとする野心的なものである。海洋科学技術センターの堀田宏、木下肇（東京大学地震研究所より移籍）が計画推進の実務を担当していった。

国際的には、一九九四年にＯＥＣＤ（経済協力開発機構）の科学協力の場で初めて正式に発表され、続いてＯＤＰの理事会、および計画委員会においても発表された。発表とともに各国から驚きの声が上がり、我が国のリーダーシップに対して賛辞が寄せられた。

ＯＤ21計画では、引き続きいくつかの重要なワークショップを開催し、我が国の研究者は、プレート沈み込み域における掘削の重要性について強調した。

**科学計画書の作成**

科学計画の立案において、最初の重要なステップは、一九九七年に東京で開催されたCONCORD（Conference on Cooperative Ocean Riser Drilling）会議である。

この会議は、東京大学の久城育夫とデンマークのハンス・クリスチャン・ラーセン（Hans C. Larsen）を世話人として、約一〇〇人の内外の研究者が集い、我が国の掘削船を用いた研究課題の内容や、その優先度などが検討された。この会議で強調されたのは、プレート境界における巨大地震発生領域の掘削である。

一九九九年、カナダのバンクーバーで、COMPLEX（Conference on Multiple Platform Exploration of the Ocean）会議が開催され、従来型の掘削船と我が国の掘削船、およびその他の掘削船、または掘削装置（これを総称して**掘削プラットフォーム**と呼ぶ。図5－1を参照）を用いた科学計画について総合的な検討がなされた。

そこでは、地球内部の現象、環境変動の歴史についての研究課題のほかに、メタンハイドレートの研究、地下生物圏の研究が重要な課題として取り上げられた。

さらに二〇〇一年のAPLACON（Alternate Platform Conference）会議では、特殊な掘削プラットフォーム（MSP＝Mission Specific Platform）を用いた掘削研究が検討され、北極海の研究、浅海域の研究などが課題として取り上げられた。

ＯＤ21計画とＯＤＰは共同し、新しい深海掘削計画の具体的な内容について検討を開始した。そのための特別委員会（ＩＰＳＣ）も作られた。委員長はミシガン大学のテッド・ムーア（Ted Moore）、委員は海洋科学技術センターの木下肇、東大海洋研の平朝彦、テキサス大学のジェミー・オースチン（Jamie Austin）、コペンハーゲン大学のハンス・クリスチャン・ラーセンらによって構成された。

この委員会では、科学目標の確定、計画の組織と運営方法、予算規模などが検討された。科学目標については、別の委員会を構成して、前記の会議の成果を基礎に、統一的な科学計画書が作成された。

## 統合国際深海掘削計画（IODP）

ＩＰＳＣにおける科学計画書や計画案の検討と平行して、政府間ではＯＤＰの後の計画をどうするかについて、協議が始まっていた。

ＯＤＰは、二〇〇三年九月三〇日に期限満了で終了することになっていた。我が国は科学技術庁および海洋科学技術センターの担当者、米国は全米科学財団（ＮＳＦ）の担当者がほぼ二カ月ごとに会合を持ち、予算や組織の作り方について、多くの困難を乗り越えながら協議を行っていった。

その結果、まず、新しい計画はODPの延長ではなく、新規に立ち上げるものであることが合意された。そして、日本の提供する掘削船と、米国が提供するジョイデス・レゾリューション型の掘削船の両方を用いる計画が合意され、二〇〇三年四月二二日、遠山敦子文部科学大臣と、NSFのリタ・コールウェル(Rita R. Colwell)長官の間で調印がなされ、二〇〇三年一〇月一日に計画が発足した。

さらにヨーロッパの連合組織が、北極海や浅海などの掘削を目的とした特殊任務の掘削プラットフォームの導入を、二〇〇四年に調印した。

ここに深海掘削の計画史上初めて、複数の掘削プラットフォームを用いた計画が発足したのである。

新しい計画では、それぞれの掘削方式の特性を生かした統合的なアプローチが採用される。したがって、これを**統合国際深海掘削計画**(IODP=Integrated Ocean Drilling Program)と呼んでいる。

IODPの発足までの動きをまとめてみよう。

ＯＤ21は、我が国独自の計画として始まった。これに対して、世界の研究者から賛同と、これを強力に支持する声が上がった。そのことが、この野心的な計画を実現するうえで大きな力となった。

そして、ＯＤ21とＯＤＰが協力を行うという方針のもと、まず、研究者が科学目標や組織、運営について計画案を策定した。それを受ける形で、予算拠出の当事者である政府間の協議が進んだ。

ここに、国際共同研究の組織の立ち上げに、研究者自らが積極的に関与してゆくという研究者主導の文化が育っていったと考える。これはＩＯＤＰの基本理念として大切なことである。

## コラム5－1　「ナンバーワン」と「オンリーワン」の組み合わせ

平野拓也（海洋研究開発機構前理事長）

一九九七年、海洋科学技術センター（現海洋研究開発機構）の理事長に就任後間もなく、ＣＯＮＣＯＲＤ会議に出席して挨拶する機会がありました。その会議には、世界の著名な研究者がたくさん参加しており、そういう人たちが我が国の計画を熱心に討論してくれているのかと深く感じ入ると同時に、これは日本のチャンスだと思いました。「ちきゅう」を建造するというのは、国際研究所を一つ作るようなものです。ですから、海洋国家日本の一つのシンボリックなものとして、胸を張れるものになるはずです。ＪＡＭＳＴＥＣ（海洋研究開発機構）は、ようやく研究機関として、技術と科学のバランスがとれてきたような気がします。世界中から研究者が押しかけてくるという状況には、まだいろいろな条件整備の課題もあり、至っていませんが、いずれはそういった世界の Center Of Excellence ＝ＣＯＥ（中核研究拠点）になると信じています。そして、ＪＡＭＳＴＥＣをＣＯＥにするプロジェクトの一つがＩＯＤＰだろうと私は思っています。

世界唯一のライザー掘削船を運用し、マントルまで掘る。これは科学史上の快挙です。月の石を採取するのと同様、生のマントルを取る。それにより、地球のダイナミクスについて、新しい地球観が創造できる。これは、二一世紀の科学の金字塔になりうるでしょう。

また、日本は、IODPで単に掘削船を提供するのではなく、JAMSTECと地球掘削科学コンソーシアムが中心となり、日本発の科学成果を世界へ発信していってほしい。

日本発のサイエンスを発展させるためには、まだまだ課題はいろいろあるでしょうが、学問的な成果を上げようとするなら、まずは学際的な雰囲気が必要ではないでしょうか。隣は何をする人ぞ、と別の分野で何をやっているか知らない、というのはあまりよくない。地球を一つのシステムとして考える時には、自分の分野も大切だが、ほかの分野も知ろう、という態度を忘れないでほしい。

マントルへ到達するというのは、今の大学生や中学生も含めて、次世代の人材が、地球科学を志して、やっと達成できるようなことだと思います。一〇年、二〇年といったスパンで考えなければならない。我々には、後進を教育しなければならない義務があるわけです。

IODPの科学はオンリーワンの世界であり、一方「ちきゅう」の技術はナンバーワンを目指すものです。すでに開発され、売られているものを使って研究するのでは、限界がありますし、その枠にはまってしまいます。既存の技術を取り入れ、その中から一番よい技術を作りだす。そして、創意工夫によって技術を使いこなした独自の研究から、新しいものがみえてくるでしょう。「ナンバーワン」と「オンリーワン」の組み合わせによって、次世代の科学が開拓できるはずです。

## 五－2　「ちきゅう」の建造と技術

### 掘削プラットフォームの検討

一九九〇年代に話を戻そう。

当時、国際レベルでの深海掘削における科学課題の検討と並行しながら、海洋科学技術センターでは、我が国の建造する掘削船の性能や特色について議論を積み重ねた。その結果、次のような結論が得られた。

1、掘削プラットフォームにはさまざまな形態があり、海底に固定する方式（図5－1）が主流だが、我が国の建造するものは舟形（モノハル型）とする。これは、その船が世界を股に掛けて活躍するだろうことを考慮し、機動性が重要であると考えたためである。

2、当初、深部掘削技術を用いるのは、最大水深二五〇〇mまでとする。さらに二五〇〇mでの経験を生かして四〇〇〇m級の水深から掘削可能なシステムの開発を目指す。

3、パイプの長さは、一万一〇〇〇mとして、水深四〇〇〇mの海底から七〇〇〇m下のモホ面（地殻とマントルの境界面）への到達を可能とする。

4、定点保持は六つのスラスターを用いる。このうち後部の二つのスラスターは、船舶の推進動力として用いられる。

5、船外への汚染水などの排出は禁止し、環境に優しい船とする。

6、研究設備は、十分に広く静穏な場所を確保し、また居住環境も快適なものとする。

建造については、基本方針を審議する委員会を設置し、海洋科学技術センターが、船体部分を三井造船、全体の製作を三菱重工業と契約して進めることに決定した。

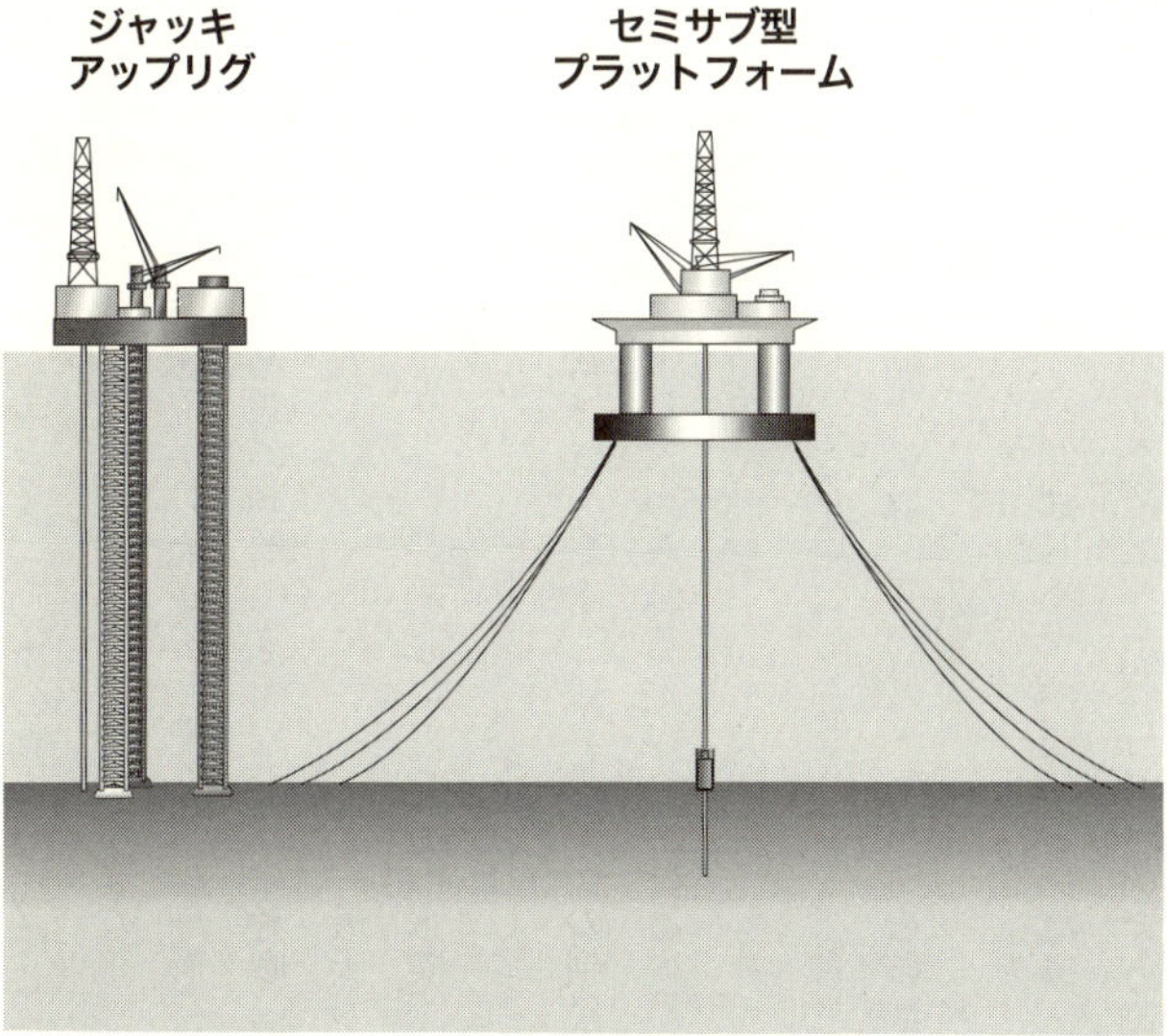


図5-1　海底固定式の掘削プラットフォーム

二〇〇一年から建造を開始し、二〇〇二年一月一八日の進水式を経て二〇〇五年七月に完工予定である。

進水に際して、この船は地球深部探査船「ちきゅう」と命名された。一九九〇年の検討開始から完成まで、実に一五年という期間を要したのであった。

**自動船位保持装置**

地球深部探査船「ちきゅう」とはどのような船なのだろうか。図5-2に全体図を示した。

その最も大きな特徴は、船の

真ん中に船底から高さ一三〇ｍの高さの〝やぐら〟（デリック）が組み上げられている点である。

「ちきゅう」が洋上から海底下へ安全に掘削を行うためには、船が定点に留まっていることが必要となる。通常の商船や漁船などは、風や波、海流などの影響で船体が流され、定位置に留まることは難しい。

そこで、「ちきゅう」の船底には、方向を三六〇度変えることが可能な六つのプロペラ（アジマススラスター）が設置されている。この六つのアジマススラスターは、コンピュータにより自動制御され、船を、ＧＰＳ測位システムと海底に設置した音波発信装置（音響測位システム）により求められる定点に正確に保持する。

これを**自動船位保持装置**（ＤＰＳ＝Dynamic Positioning System）と呼んでいる（図5－3）。ＤＰＳは「ちきゅう」の最も大切な機能の一つである。

「ちきゅう」の船上には、長さ九・五ｍ、直径約一三ないし一四㎝の特殊鋼鉄製の掘削パイプが、多数積み込まれている。

これらの掘削パイプは四本ずつ連結された後、デリックの横のハンガーに立てて収納される。その後、デリックに吊り上げられ、次々と連結され、海底下深部に向かって下ろされて

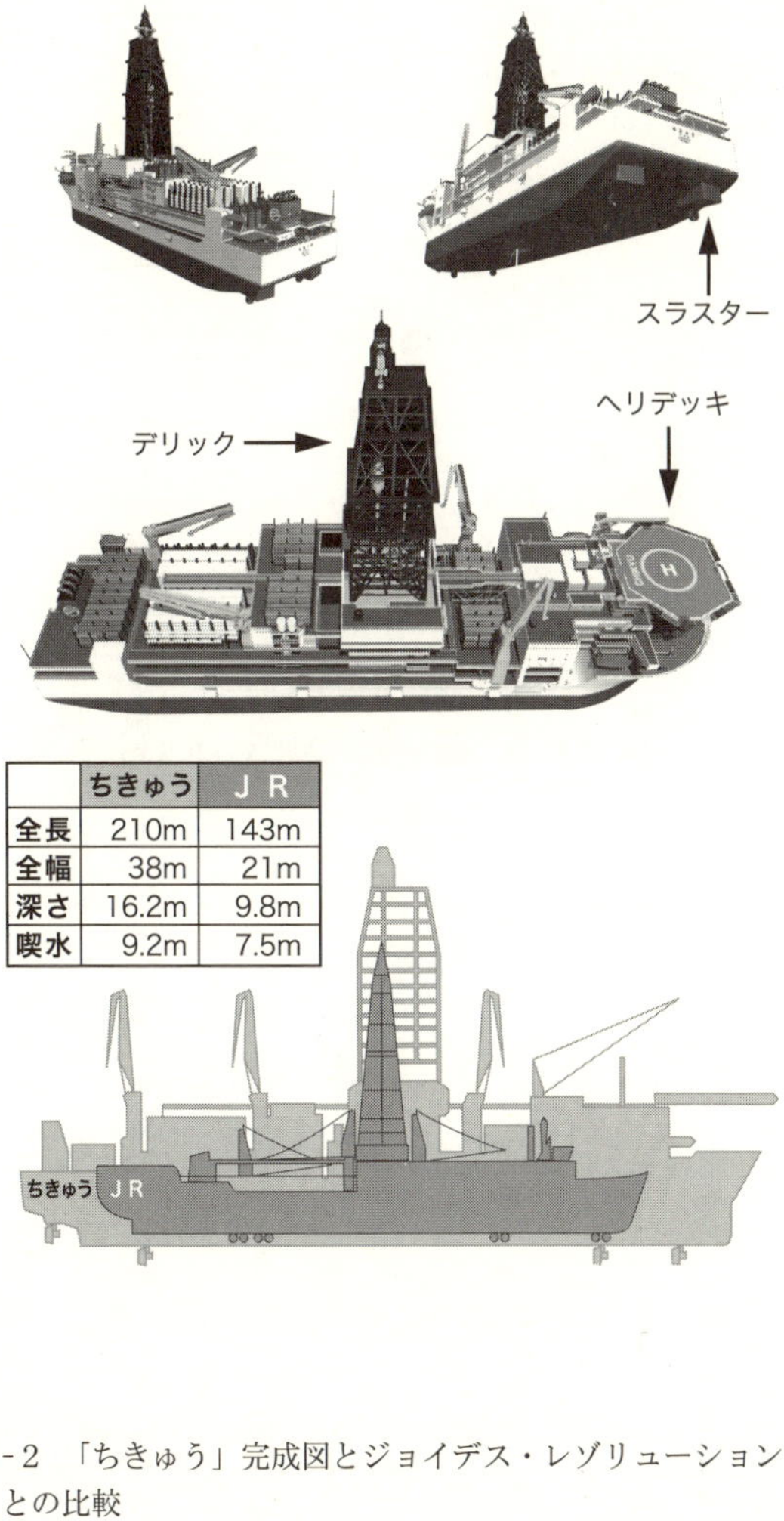


| | ちきゅう | J R |
|---|---|---|
| 全長 | 210m | 143m |
| 全幅 | 38m | 21m |
| 深さ | 16.2m | 9.8m |
| 喫水 | 9.2m | 7.5m |

図5-2　「ちきゅう」完成図とジョイデス・レゾリューション（J R）との比較

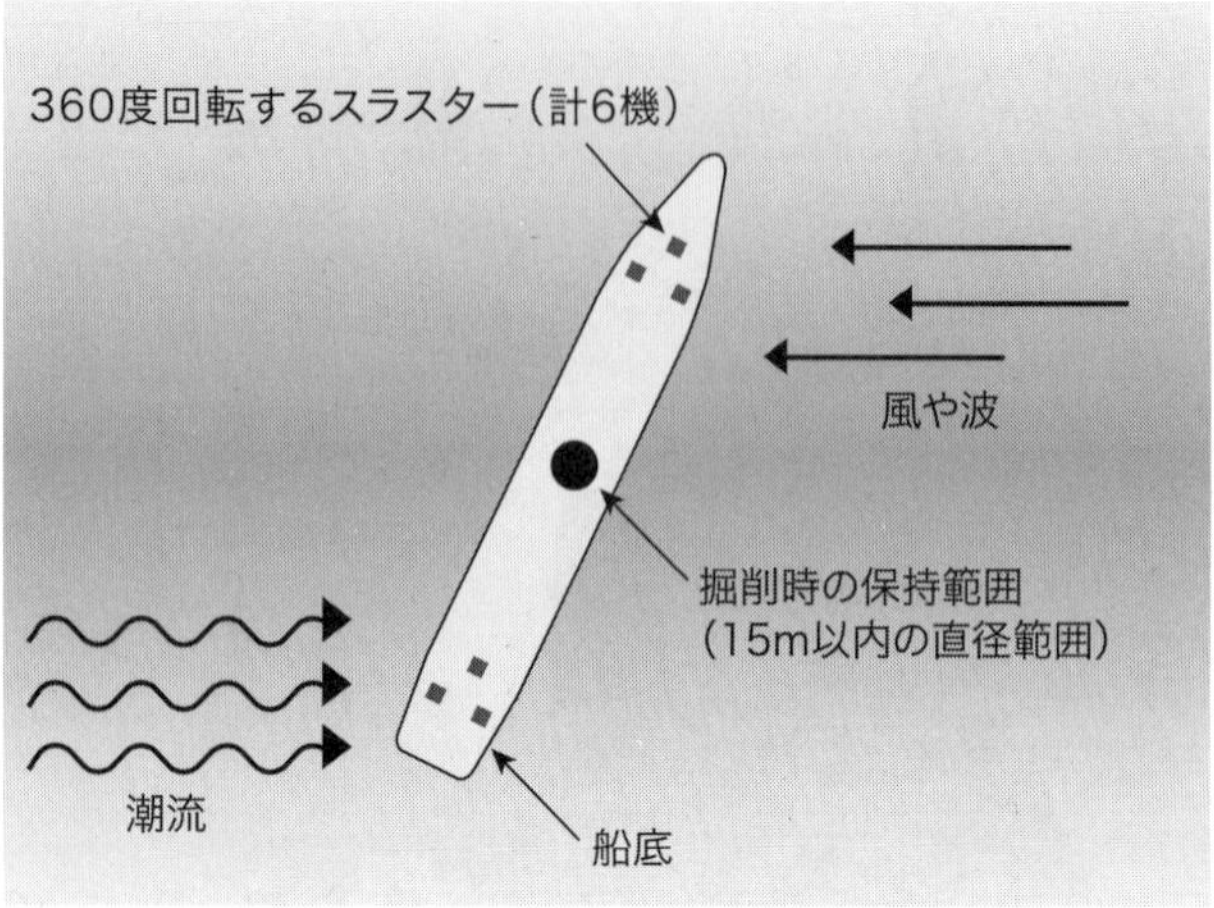


図５-３　自動船位保持装置（ＤＰＳ）

ゆく。デリックの真下には、船体の真ん中にもかかわらず長方形（縦二二m、横一二m）の穴（ムーンプールと呼ぶ）が開いており、掘削パイプはその穴の中を通って海中に吊り下げられる。

デリックの内部には、トップドライブと呼ばれる巨大な電動モーターが設置されている。掘削パイプは、このトップドライブに接続され回転できるようになっている。パイプの回転は、その先端に取り付けられた歯先（ドリルビット）に伝えられる。

ドリルビットの表面には、タングステンカーバイト鋼やダイヤモンドなどの硬い物質が使われており、ビットを回転させることにより岩石を削り、柱状の岩石試料をくり貫《ぬ》いていく。

硬い岩石では、ドリルビットが消耗しボロボロとなるために、幾度となくドリルビットを取り替えては掘っていく必要がある。そのためには、掘削した長さ分のパイプを船上まで全部引き上げ、ドリルビットを交換しなければならない。こういった作業の能率化と安全性の確保もまた、「ちきゅう」の技術の重要なポイントとなる。

**地球を掘る**

掘削（ボーリング）とは、地下の岩盤に孔を開けることである。では、地下に孔ができるとどのようなことが起こるだろうか。

海底では掘った孔に海水が入り込む。岩石の比重は一般に二・五〜三程度、一方、海水の比重はほぼ一である。

海水が入って静水圧となった地下の深い空洞では、堆積した地層の重さによって生じた岩石の圧力（静岩圧）の方が、空洞内部の圧力より大きくなる。つまり、静岩圧が常に静水圧に比べて大きいため、掘削した孔が周りの岩石の圧力によって押しつぶされてしまい、やがて孔内が塞がれてしまう。

地下深くに掘削すると、大きな静岩圧のために、掘削パイプが捕まって回転できなくなり、さらに無理に回転を与えると掘削パイプがねじ切れてしまい、掘削作業の継続が困難となる。また、高温下では岩石はさらに流動しやすく、水による急冷作用でひび割れや破壊が起こる。

もし掘削パイプが完全に捕まり引き上げることもできなくなると、最終的には、火薬を下ろして掘削パイプを爆破、切断して回収しなくてはならない。第一章一－4で述べた、ODPによるコスタリカ沖の海洋地殻の第五〇四B孔では、海底下二一一一mの深さで、まさにそのようなことが起きたのである。

それでは、静岩圧の大きな地下深部を掘るにはどうしたらよいのか。

一つの方法として、孔内の圧力を周りの静岩圧と等しいくらいに大きくすることが考えられる。そこで、比重の大きな重たい流体を掘削パイプからドリルビットへと循環させながら掘削をするのである。

ここでいう比重の大きな流体とは、粘土や重晶石などの鉱物の粉を混ぜた特殊な流体（重泥水）である。これを、ポンプを使って船上から掘削パイプを通じ孔内へ注入する。この重泥水の循環は、掘削によって生じる掘り屑（細かく砕かれた岩石の粉）を効率よくドリルビット周囲から取り除き、歯先を常時直接岩石と接触させ、掘削の能率を上げる役割も果たす。
このような掘削のやり方は、陸上や浅海域（一〇〇mより浅い海域）では普通に行われている。陸上では、デリックの下の掘削口から、ポンプを使って重泥水を掘削パイプに直接流し込み、掘削パイプと孔壁の間を戻ってきた重泥水から〝削り屑〟を除くなどの処理を施し、再び掘削パイプに流し込む。

これまで行われたさまざまな大深度の掘削例を表にした（表2参照）。
これをみるとわかるように、最も深い例として知られているのは、旧ソ連時代にコラ半島で行われた一万二二六一mの掘削である。これは、地層の安定した陸上からの掘削であり、最も深い所でも地温は二〇五℃であった。一九九四年にドイツのバイエルン州で、KTBと呼ばれる計画において、九一〇一mの掘削が行われている。これら科学目的の掘削は、現在でも掘削技術の金字塔として注目されている。

我が国の例をあげると、石油開発に関連して、陸上では新潟県新竹野町において六三一〇mの深さまで、海底の掘削では信濃川沖で五三一六mの深さまで掘削がなされている。信濃川沖の掘削は水深七六mの海底から、半潜水式（セミサブ）掘削プラットフォームによって実施された。

## ライザー掘削システム

さて、陸上や浅海域とは異なり、深海底の掘削は大きな困難を伴う。

陸上と同様に、掘削パイプの内部に重泥水を流し込むと何が起こるか。

掘削孔の先端まで届いた重泥水は、孔内のパイプと岩石壁の間を伝わって戻ってくるが、海底に到達したとたん深海へ流れ出してしまうのである。

このやり方では、重泥水をまき散らすことになり、海底の汚染という観点からみても決して誉められたものでない。また、この方法では常に新しい重泥水が必要となり、経済的でない。

さらに決定的に重要なのは、もし地層から原油やガスが噴出した場合、そのまま海洋中に放出されることになり、大きな環境問題に発展してしまうことである。

従来の国際深海掘削計画で使われたグローマー・チャレンジャーやジョイデス・レゾリューションでは、重泥水は使わずに海水を注入して掘削を行ってきた。そのために原油やガスの噴出には最大の注意を払い、少しでもその兆候があれば掘削を中止し、掘削孔をセメントで固めて環境汚染を防いできたのである。このため、何度となく重要な科学課題への挑戦が

**国内の記録**

| | | |
|---|---|---|
| 最深掘削深度(陸上) | 6,310 m | 基礎試錐「新竹野町」(新潟県) |
| 最深掘削深度(海洋) | 5,316 m | 「信濃川沖」(新潟県)、水深 76 m |
| 最深掘削水深 | 945 m | 基礎試錐「南海トラフ」(静岡県浜松市沖) |

**国外の記録**

| | | |
|---|---|---|
| 最深垂直深度(陸上) | 9,853 m | (アメリカ、オクラホマ州) |
| 最深掘削水深 | 2,777 m | 1-RJS-542 (ブラジル、Campos Basin) |
| 最深掘削深度(学術ボーリング・陸上) | 12,261 m | Kola SG3(ロシア) |
| 最深掘削水深(学術ボーリング) | 7,034 m | (マリアナ海溝、DSDP) |
| 最深掘削深度(学術ボーリング・海洋) | 2,111 m | (コスタリカ沖、ODP) |

表2　さまざまな掘削記録

不可能となった。

たとえば、日本海の掘削においては、ガスの兆候のために掘削中止となり、日本海の形成時期についての十分なデータが取れなかったのである（第二章で詳述）。

船と海底の間で重泥水の循環を確保するために、「ちきゅう」では特別な工夫がなされている。それが、**ライザー掘削システム**と呼ばれているものである（図5－4）。

これは、掘削パイプ全体を囲うほどの大きな口径の新たなパイプ（ライザーパイプ）を用意し、掘削孔から上がってくる重泥水を、ライザーパイプと掘削パイプの間を通して、再度船上へ戻すことができるようにしたシステムである。

このような二重管の技術は、すでに海洋石油掘削で使われており、原油やガスなど、突然地層中から吹き出してくる液体を重泥水とともに孔内に押しとどめ、船上での爆発や火災を防ぐための噴出防止装置も装備し、より安全に掘削できるよう工夫されている。

ただし、深海を掘削する場合には、新たな技術的困難が待ち受けている。

それは、ライザーパイプにかかる水の抵抗とライザーの重さである。

ライザーパイプは直径が約五三㎝あり、その長さは掘削海域の水深と同じだけ必要となる。

このような太いパイプに、海流などによって大きな抵抗がかかると、時にたわみができ、そ

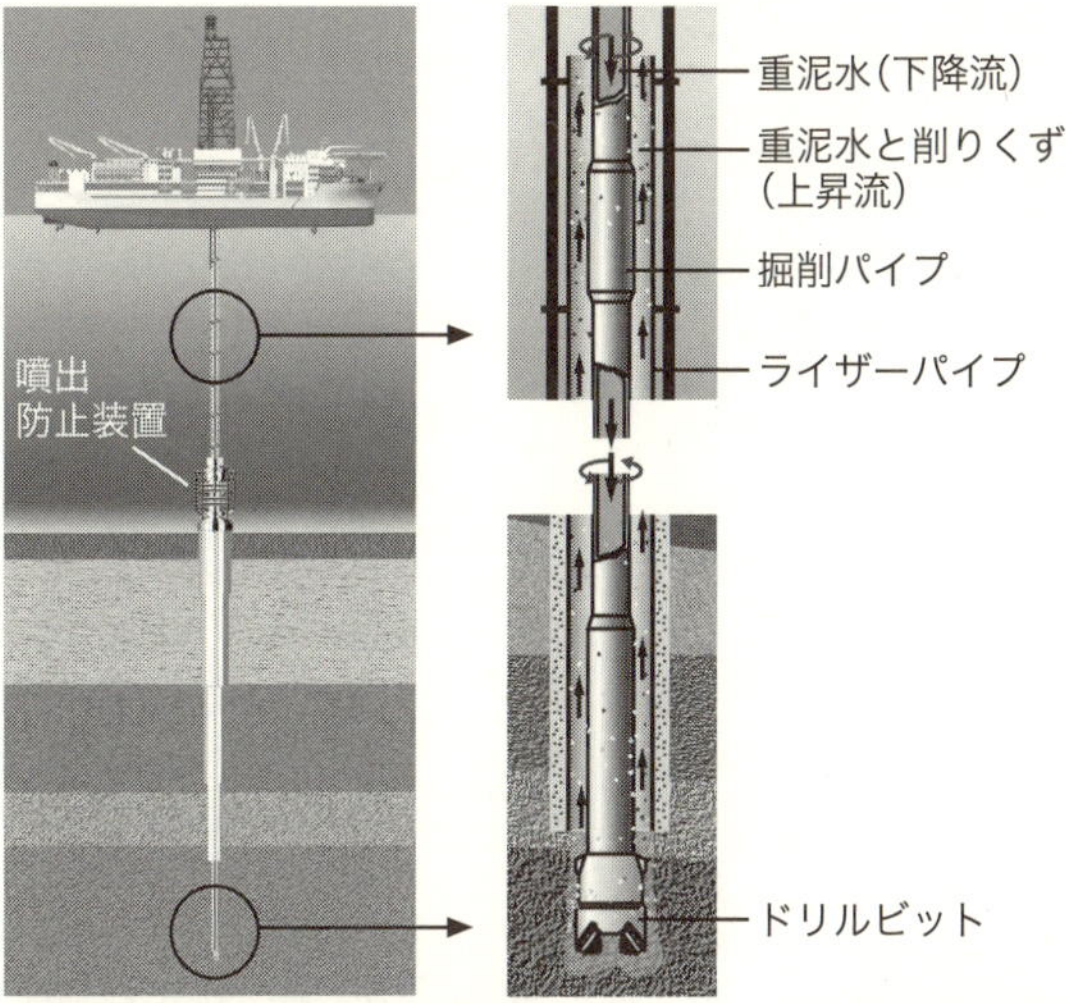

ライザーパイプ

図5-4　ライザー掘削システム

れが大きければ破損する。
さらに、ライザーパイプや掘削パイプには重泥水が満たされており、これらを船から吊り下げるとなると、その重さは、優に一〇〇〇ｔを超えることになる。

したがって、「ちきゅう」が掘削しようとしているような深い海では、ライザーパイプに浮力材を取り付けたり、形状を変えて水流の抵抗を少なくする技術が必要となる。

近年のライザー掘削システムの発展は著しく、「ちきゅう」では最大水深二五〇〇ｍの掘削が可能なシステムの導入が決定されたのである。

一方、地下深部では、重泥水の循環だけでは掘削孔壁がどうしても崩れてしまう。そこで、それを保護するために、ケーシングと呼ばれる鉄製の保護パイプをある区間掘削するごとにセットし、次の区間を一回り小さなサイズのビットで掘削していく。

このような掘削方法は、トンネル工事とよく似ている。トンネルでも掘ったままでは、孔壁が崩れて事故が起きたり、地下水が吹きだして工事の継続を困難にするので、掘削と同時に孔壁を鉄骨などで保護し、最終的にはセメントで固めてゆく、シールド工法と呼ばれる掘削方法をとっている。地下深部を掘削するのにも、これと同様にケーシングを段階的に入れながら掘り進むことが不可欠である。

地下深部の掘削で問題となるのは孔壁の不安定さだけではない。さらに大きな問題は、地中の温度である。

一般に地中の温度（地温）は、深さとともに上昇する。海底火山等の特殊な場所を除いて、平均的な地下深部での温度上昇率は、二〇～五〇℃／一〇〇〇ｍ程度である。したがって深さ一万ｍの地中では、温度が二〇〇～五〇〇℃にも達する。

掘削パイプやドリルビットは、金属、ゴムやプラスチックなどから作られている。したがって、温度が上がりすぎると掘削パイプやドリルビットの強度が落ちたり、うまく働かなかったりして、掘削作業を困難にする。

これまで世界で最も高温下での掘削は、我が国が行っている。岩手県葛根田《かっこんだ》の地熱地帯における掘削では、三七二九ｍの深さまで到達し、その地中温度は五八〇℃に達していた。このような高温環境では、重泥水の十分な循環を行い、ドリルビットや掘削パイプを冷却することで深部掘削が可能となった。

「ちきゅう」で行おうとしている深部掘削にも、同様の技術が応用できるだろう。

## コラム5－2 「ちきゅう」の建造エピソード

田村義正（地球深部探査センター技術開発室長）

――「ちきゅう」海上試運転

「速力計測を行う。エンジン回転数整定、船速整定。標柱間入り方、一〇秒前、九、八……よーい打て」というかけ声とともに、速力計測が開始されました。

二〇〇四年一二月、「ちきゅう」は、建造発注以来の四年間の成果がまとまり、公式記録を取るために、九州、五島列島南方海域で、海上公式試運転を実施しました。開始の合図で、船舶検査官、ＪＡＭＳＴＥＣの監督員、造船所の設計技術者など多数の計測要員は、緊迫した空気の中で速力、方位、位置、エンジンデータなど膨大なデータの計測を黙々と進めました。針路保持は速力計測の絶対条件ですから、船長もレーダーにさえ映らないような小型漁船や浮遊物がないか、四方に目を配っていました。

一マイル航行後、「標柱出方、一〇秒前、九、八……よーい打て」と、計測終了の指示がブリッジに響き渡りました。検査官、監督員が確認したデータは一二ノット。技術者たちの信頼の結晶が、設計よりよいデータを記録した瞬間です。自然とブリッジに自信と喜びの雰囲気が広がりました。

「ちきゅう」のような膨大な機器が搭載される巨大システムは、発注する側も、製作する造船所も、エンジン、推進器など多くの機器メーカーの技術者も、互いに信頼し、議論と調整を繰り返して初めて完成するものです。「商売だから、お金を出しさえすればよい」というような感覚はこの場にはありません。建造に関わったすべての人が、技術者としてベストを尽くし、それが最後の性能に現れるということが、この日の百数十人の乗船者からひしひしと伝わってきました。

前夜も、電力変動の試験を最善の方法で行いたいという方法論を巡り、エンジン技術者と電気技術者が長時間にわたって激論を交わしていました。決して簡易で安価な方法で行いたいというのではなく、受注した金額内で最も厳しい試験をやりたいと造船所側が主張したための議論になったのでした。

多数の技術者の信頼と、会社を超えて議論ができる関係が、日本の産業を作ってきたのです。「ちきゅう」は、このような技術者のつながりの中で建造されてきました。

「ちきゅう」では、これまで経験のない二五〇〇ｍという大水深掘削を行います。五万七五〇〇ｔという巨大な船体を、時々刻々変化する海流や風、波の中で、半径一五ｍ以内という高精度な位置保持を行うため、ダイナミック・ポジショニング・システムという技術を導入しています。

これは、方向を三六〇度自由に変えられるプロペラを六個搭載し、コンピュータで制御を行います。複雑に変動する海象《かいしょう》に動力を瞬時に応答させ、プロペラを制御するため、発電所なみの六六〇〇ボルトという高圧発電機八台と、新幹線などで実用化された大電力半導体素子で、インバーターという電力変換回路を用いて回転数を制御しています。

このシステムは、わが国が独自に開発して搭載しました。発電エンジンも即応性の高い最新鋭のエンジンを搭載し、また、掘削機器も世界最新鋭のものが多数導入されています。「ちきゅう」は、ＪＡＭＳＴＥＣの技術陣が一〇年近い歳月をかけ、わが国の先端産業技術を駆使して建造したものです。

バブル経済で沸く一九九〇年頃の日本に、ウェーブピアサ（波浪貫通）型高速旅客船という新しい設計がオーストラリアから導入されました。波のある外洋でも揺れない快適な高速客船ということで、数十億円という資金をかけて、数隻が建造されたことがあります。

しかし、海流や潮流が半島や湾、島などで複雑に入り込み、○○灘《なだ》という名称が多数存在するような複雑な海象を持つ日本の海では、単調な海象のオーストラリアの運航ソフトでは対応できず、多くの船が運航ソフトを形成する前に撤退してしまいました。

現在運航している会社の社長さんによれば、他社と同様、ノウハウ不足、初期トラブルに遭遇したとのことでしたが、現場に入り、船員と一緒になって、一つずつ問題を解決していったということです。

我が国初、世界初のシステムを満載した「ちきゅう」を使えるソフトを作りつつ、効率的に運用していくことがＪＡＭＳＴＥＣの仕事です。このような仕事により動きはじめる「ちきゅう」によって採取されたコアが、我が国のみならず世界の地球科学や生命科学の新しい分野を切り開いてくれることを期待しています。

五－3　洋上に浮かぶ研究所

## 船上測定の必要性

「ちきゅう」の持つ優れた特徴の一つに、船上における研究実験能力があげられる。前述した掘削技術ばかりでなく、「ちきゅう」はその科学実験・観測能力においても超一級の研究環境を有している。研究区画は、主として「ちきゅう」の前部に置かれている。

掘削によって船上にあげられた試料（コア）は、単に岩石や鉱物から構成されているわけではない。岩石の中にはしばしば微生物や有機物が含まれている。また、さまざまな流体や氷状の物質（たとえばメタンハイドレート）も含まれている。これらの多くは、船上では不安定であり、すぐに変質が始まる。

掘削現場の岩石から採取された水（**間隙水**）は、船上にあげられ放置されると、温度や圧力、さらに酸化の状態が急激に変化し、それに伴い化学反応し、含まれる化学成分も変質する。さらに、岩石それ自体も温度や圧力の変化によって、閉じていた割れ目が開いたり、物理的な性質（物性と呼ばれる）が変化する。

このように、海底下深部から得られた掘削試料は、船上において時間とともにその性質が変わってくる。とはいっても、温度も圧力も違う船上にあげた以上、試料の変質は免れない。

このような掘削試料の持つ宿命とも言える特徴を理解し対処するには、変化が大きい性質についての計測や分析をできる限り早く行う必要がある。そのために考えられたのが、洋上研究分析施設である。

掘削船から試料をはるかかなたの陸上に運び、さらにそこから研究施設へと運ぶのではなく、掘削現場に最も近い船上に必要な分析能力を持たせる。

この施設では、掘削直後にどの試料をどう処理するのかをできる限り迅速に判断できるような特別な工夫をしている。たとえば、病院で使われるCTスキャナーと同等の最新鋭のX線非破壊分析機器が備えられ、地下からあがったばかりの堆積物や岩石の試料をそれ以上壊すことなく、その内部の状態を速やかに調べることができる。

掘削されたばかりの試料が分析される具体的な手順をみてみよう（図5－5）。

掘削された試料は、毎回長さ九・五mのプラスチックのチューブに入った状態で回収される。ガスなどのサンプルは注射器のような器具で吸いだす。

その後一・五mの長さに切断し、ラベルを貼り、エレベータを使ってその下の階（コアラボ）に運ばれ、主として非破壊の各種試験を受ける（図5－6）。
ここには、CTスキャナーや、特別な帯磁率（磁性鉱物の量が測定される）、弾性波速度（音波の伝わる速度）等の各種の特性を連続して測定できる装置がある。

もしメタンハイドレートの塊《かたまり》があれば、ここで検知され、すぐに冷蔵保存庫、もしくは特別な容器に移し替えられ密封されて、溶解を最小限に抑えて保存する。また、重要な微生物用試料も同様に処理することで、生きたまま保存して持ち帰ることができる。

これら非破壊試験での測定結果に基づき、その一部は微生物の研究用として用い、残りの掘削試料を縦に半分に分割し、コアラボと呼ばれる実験室で地層の色や堆積や変形の構造などを記載してゆく。また、古地磁気学的な測定も行われる。

微生物の研究室では、掘削直後、掘削パイプや船上において、外部から付着した微生物など外部物質からの汚染具合を徹底的に検討する。

それにはいくつかの方法がある。たとえば、あらかじめ重泥水に混ぜておいた、微生物と同じくらいの大きさの蛍光塗料で塗られたビーズ玉の侵入の程度や、同様に泥水に極少量混ぜておいたフッ化ポリ塩化物（PFC）と呼ばれる、自然界には存在しない特殊な化学成分を検知するなどして、汚染の具合を調べる。

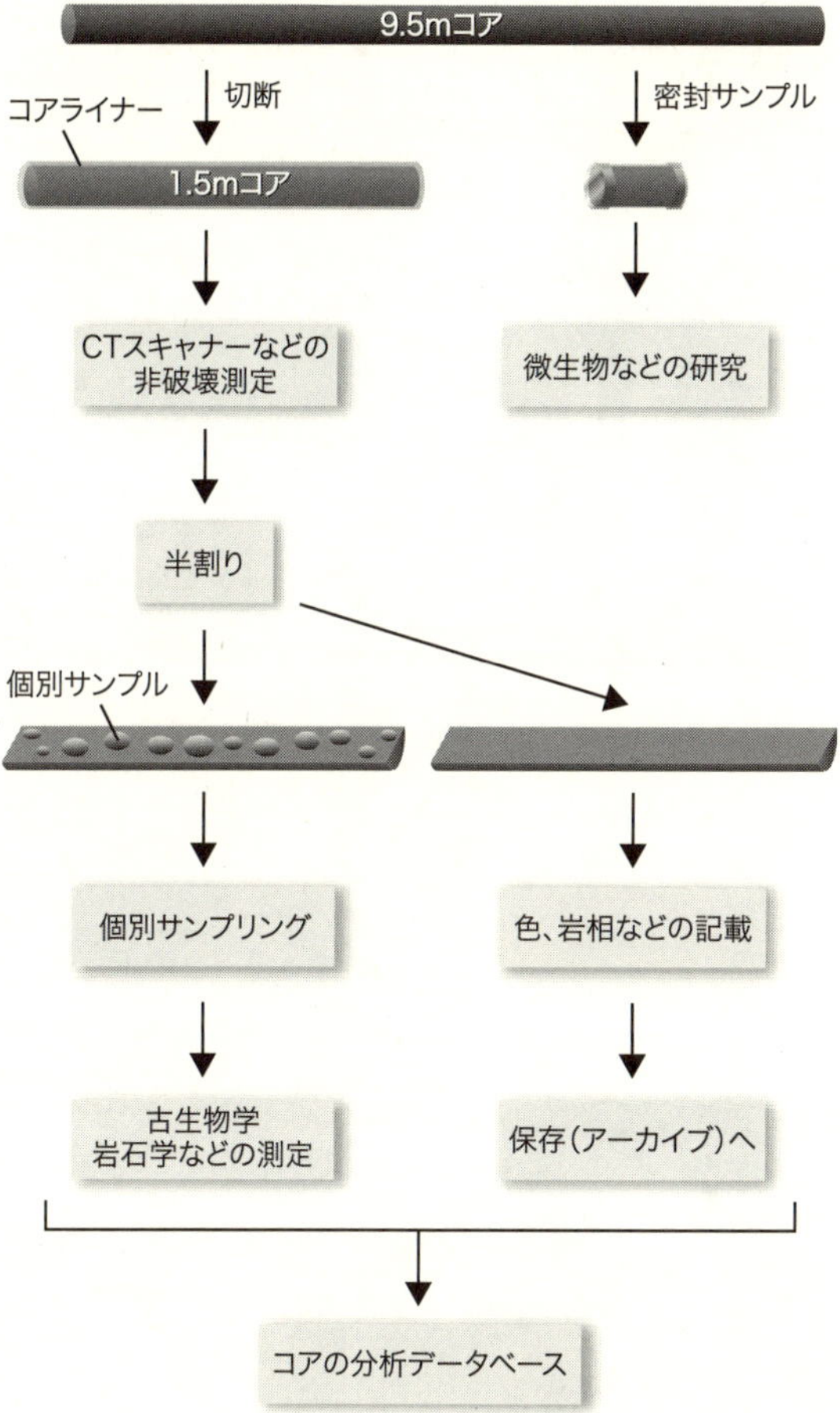


図5-5　洋上での分析の流れ

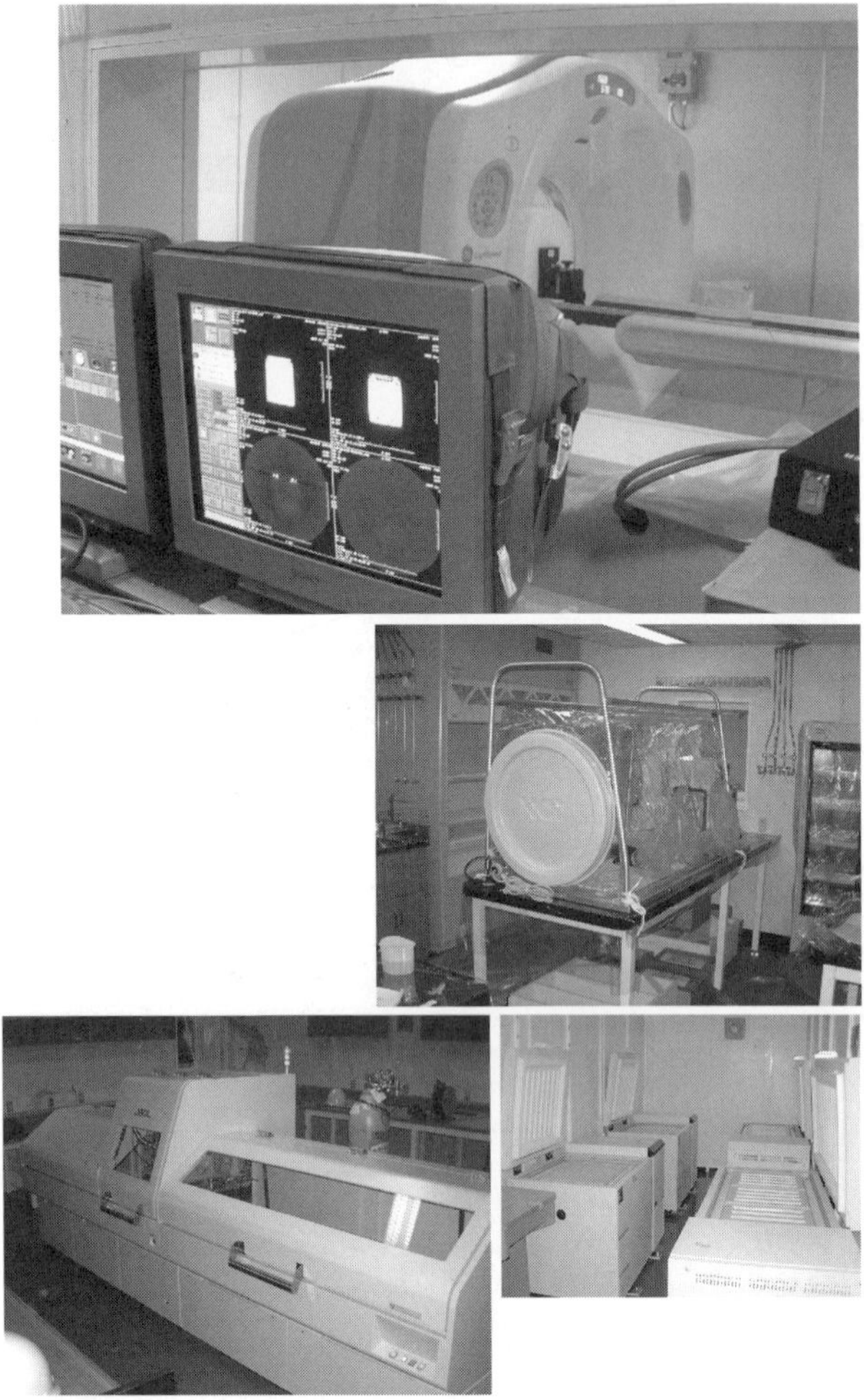

図5-6　CTスキャナーなど、「ちきゅう」内の各種研究機器

このような検討が十分になされていないと、せっかく採取した微生物が本当に地下深くから採取されたものかどうかが、検証できなくなるのである。

岩石を構成する鉱物粒子の隙間は、通常、流体で充填《じゅうてん》されている。この流体は、海底に堆積した地層の場合は海水だが、その後の化学変化の影響を受けて変質している。このような地層に含まれる水を間隙水と呼んでいる。間隙水の化学的性質は、地下での化学反応や微生物の活動などについて重要な情報をもたらしてくれる。

堆積物や岩石の化学組成、含まれる鉱物の種類などは、X線を用いた分析によって測定する。また、岩石を切って〇・二㎜の厚さまで薄く磨いて標本（プレパラート）を作り、偏光顕微鏡を使って岩石や岩石に含まれる鉱物の特徴を観察する。

古生物の実験室では、堆積物中に含まれる有孔虫等の小さな化石（微化石）を顕微鏡などを使って鑑定し、それぞれの生存時代を組み合わせ、堆積物が堆積した時代を同定することができる。

これらの分析施設は、二四時間洋上で稼働し、科学者は研究支援員の助けを借りながら、毎日一二時間交代で働くことになる。もちろん、掘削試料があがれば、日曜日もなく来る日も来る日も測定に没頭できる。

コア冷蔵保管庫

古地磁気測定システム

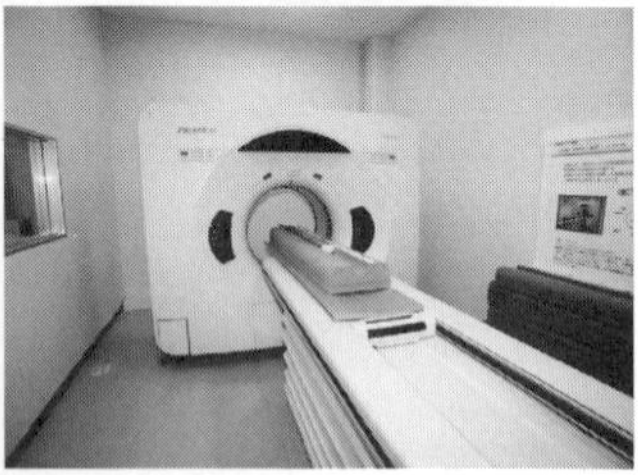

X線CTスキャナー

外観

図5-7　高知大学海洋コア総合研究センター

こうして大量の分析データが生産され、それについて日夜討論を重ねることができる。まさに科学者の楽園となりうる施設なのである。

掘削試料は、最終的には船上から陸上の保管施設に移される。高知大学に設置された海洋コア総合研究センター（図5－7）が、その保管と研究を行う中核施設となる。

そこでは、一・五mの長さのコアを一〇万本、二℃の温度管理のもとに保管できる。温度管理は、カビなどによって試料がさらに変質することを防ぐためである。微生物試料は液体窒素の容器に保存される。

掘削試料の中には、簡単には変質しないが船上での測定が難しいものも含まれている。たとえば、有孔虫化石の同位体比や岩石の微量元素の組成などである。

高知大学海洋コア総合研究センターは、コア研究のための世界最先端の設備を備え、世界に開かれた研究拠点として活動を始めている。

## コラム5－3　「ちきゅう」の科学支援

黒木一志（地球深部探査センター科学計画室
科学支援グループサブリーダー）

きっかけは、何か海に関する仕事がしたかったけれど、就職先が決まらず悶々《もんもん》としていた大学四年生の九月頃、当時、東京大学海洋研究所の平先生（著者）に声をかけてもらったことでした。

「テキサスA&M大学でマリンテクニシャンの募集をしている。お前は海が好きそうだからどうだ?」

英語の単位が取れずに留年したことがある私は、あまりに不安だったので「親と相談させてくれ」と返答しましたが、平先生は考える暇を与えてくれませんでした。

「今決めろ」

今思えば、あの一瞬が人生の転機でした。

それから一三年間、ジョイデス・レゾリューション号のマリンテクニシャンとして、世界中の海で掘削航海を行ってきました。

マリンテクニシャンの仕事を一言で言えば「土方からサイエンスまで」。船の上の「なんでも屋」です。精密な分析機器の調整作業から電気工事や大工仕事まで、なんでもこなしました。

現在はマリンテクニシャンの経験を活かし、日本が提供する「ちきゅう」の科学支援を担当しています。

「ちきゅう」の船内設備は、ジョイデス・レゾリューション号での経験が各所に活かされています。採取されたコアが、作業手順にしたがって無駄なくスムーズに流れていけるよう配慮がなされていますし、船内それぞれのラボについても、部屋の圧力バランスまで綿密に計算され、常に安全かつ快適な環境でサイエンスが実施できる設備を整えています。

船内では、マリンテクニシャンのほかにもさまざまな役割の人が活躍します。掘削航海の責任者である船上代表者、乗船研究者の代表である首席研究員、サイエンスの調整を行うスタッフサイエンティスト、ラボの調整を行うラボオフィサーなど、それぞれが掘削航海の科学目標が達成できるよう、役割分担を行っています。

私が「ちきゅう」の科学支援を行っていくうえで、最も重要視していることは、サイエンスが滞りなく行えることと、テクニシャンが安全に働けることです。我々は、船内という限られた空間のなかで、乗船研究者が最大限の科学成果を上げられるよう、また、掘削航海が安全に行えるよう、最大限の科学支援を日々追求しています。

## コラム５－４　現在進行形のサイエンス

池原実（高知大学助手）

高知大学海洋コア総合研究センターは、海洋コア試料を用いた基礎解析から応用研究までを一貫して行うことができる世界最先端の研究設備を備えており、同時にコアを冷蔵状態で保管することができるコア保管庫も持っています。

その保管能力は、長さにして一五万mのコアを保管可能で、充実した研究設備は「ちきゅう」と同様、またはそれ以上の機器を揃えています。また、これらの研究設備は、「ちきゅう」のバックアップ機能という重要な役割も担っています。

そのほかにも、センターと地元高知の高校との連携講座を設置し、授業の一環として実際にコア試料に触れたり、堆積物を顕微鏡で観察するような実習を行っています。実習を受けた高校生たちは、普段は気にも留めない石ころや泥が、実は地球の歴史を紐解《ひもと》く重要な情報を秘めていることを知り、驚きとともに地球科学に確かな興味を持ってくれました。

私自身のＩＯＤＰへの参加としては、九州大学の高橋孝三氏を中心としたメンバーと共同で、オホーツク海での掘削を提案しています。

オホーツク海はこれまで、政治的背景により深海掘削が行われていませんでしたが、ロシアの研究者も交えた提案をしていますので、世界初のオホーツク海の掘削が実現できる日は近いと思います。まだ誰も掘削していない海域での掘削は何が出るかわからないので、ワクワクしますね。

私が学生の頃は、ＯＤＰやＤＳＤＰについて授業で取り上げられ、プレートテクトニクスが立証された過程などを知りました。確かにそれは大発見でしたが、なんとなく過去の話で、昔の人が解明した古めかしいことを教えられているような感覚でした。

今まさにＩＯＤＰが開始され、ＯＤＰやＤＳＤＰが始まったときと同じような、地球科学の新たなステージが始まろうとしています。学生の方々や中高生にも、そのような研究現場の最前線に関わっていただいて、「現在進行形のサイエンス」を実体験してほしいですね。そういう意味で現在は、地球科学の「世紀の大発見」を間近でみられる、非常にラッキーな時代だと思います。

私も学生に負けないように、「現在進行形のサイエンス」に立ち会い、また創出していきたいと考えています。

## 五―4　掘削孔を用いた観測

### 掘削孔の現場測定

掘削試料には、変質という宿命が伴うことはすでに述べた。では、変質を免れる方法はないのだろうか。その対策として有効なのは、掘削孔を積極的に利用することである。すなわち、孔内で直接、測定や観測、微生物の培養実験を行うのである。この手法は、孔内の検層（計測）と、孔を用いた長期観測に大きく分けることができる。

**孔内検層**（ロギング）とは、掘削した孔に計測装置を入れて、周囲の地層の性質を調べることを指す。

たとえば、地層に電流を流して電気抵抗を測ると、間隙水がどれだけ含まれているかがわかる。電気抵抗の値は、岩石に含まれる間隙水の量と正比例の関係にあるからだ。地層にどれだけ間隙水が含まれているかは、その地層の力学的状態や埋没後の変化を知るうえで重要なデータとなる。

また、地層から自然発生しているガンマ（γ）線の量を計測すると、地層の中に自然の放射性元素がどれだけ含まれているかがわかる。

たとえば、自然界には、四〇ルビジウム（Rb）からガンマ線を出しながら壊変した四〇カリウム（K）があり、これは粘土鉱物に多く含まれることが知られている。したがって、自然ガンマ線強度の測定は、粘土鉱物の量のよい指標となる。

このように、孔内検層から間隙水の量や粘土鉱物の量を知ることができる。

実はこのような孔内検層は、基礎科学の世界ではなく、主に石油探鉱の技術として発展してきた。コア試料の回収を主要目的とするＩＯＤＰでは、孔内検層のデータとコア解析のデータを対比して両者の比較研究を行い、それを科学研究に役立ててゆく。

**長期観測**

掘削孔は、地球内部に開けた観測窓として活用することができる。

たとえば地震について考えてみよう。地震は地下深くで発生する。地震現象が発生する現場近くで観測すれば、地震の予兆現象や、地震発生のメカニズムなど、地表の観測では得られないデータを取得できる可能性がある。

また、地下の温度変化や間隙水の流れる様子などは、直接測定する以外に観測は困難である。さらに掘削孔は、大気や海流など外界の影響が少なく、観測の精度が向上する。

このような手法を**孔内長期観測**と呼び、とくに地震学の分野で、日本の研究が世界をリードしている。

たとえば、ODPでは、日本海溝や北太平洋における孔内地震観測、電気伝導度観測などで先駆的な試みと成果を上げた。とくに日本近海における孔内長期広帯域地震観測（広い周波数領域での地震波の観測）は、世界の注目を浴びている。すでに四つの孔に観測機器が設置され、西太平洋の地震ネットワークの一部として活躍を始めたところである。

IODPでは、とくに地震発生領域の直接観測が主要な課題として取り上げられている。

以下、ODP時代から、その開発現場の状況について述べてみよう。そこには深海掘削における〝プロジェクトX〟的なストーリーがあった。

## 孔内地震観測ステーション実現への道のり

孔内地震観測ステーションの実現は、コストとリスクが高く、挑戦のハードルがきわめて高い。

陸上では、気圧と温度の変動が地震・地殻変動観測のノイズになるし、また、軟らかい土では揺れが続いて記録を汚すので、地中の固い岩盤に埋設する方式がよい。

海洋では、海水が気圧のバッファー（緩衝）となるが、海の波が大きなノイズ源となり、海底面、あるいは海底の軟らかい堆積物中では、質のよい観測は難しい。一般に、掘削しないと海底の固い岩盤には到達しないので、掘削孔に計測器を挿入する技術が必要となる。

地震・地殻変動観測においては、いつ何がどのように起こるかわからないので、連続記録が大事である。そのため、広い周波数範囲（経年変化から数十ヘルツまで）と広いダイナミックレンジ（自然の雑音レベルから人の感じる揺れのレベルまで）をカバーする必要がある。データ量は一年間に数十ギガバイト程度になり、それだけのデータを海底下から持ってくる算段がいる。

要するに、地震・地殻変動観測では、最悪（高温、高圧、人間が行けない）の環境に最高の計測器を設置し、それがきちんと動いているのを確認すること、そして、大事なデータを記録し、観測を継続し、データを回収すること、さらにそれを繰り返すことが必要なのである。すべてが新しい挑戦であり、失敗と紙一重のオペレーションとなる。

こういうたいへんなことを最初にやる力と情熱を持っていたのは、米国であった。

ＤＳＤＰ時代に、ハワイ大学のフレッド・ダンネビア（Fred Duennebier）のグループが始め、スクリップス海洋研究所、マサチューセッツ工科大学グループも続いた。冷戦時代であったことも実験の道を開いたと思われる（核実験探知が目的の一つとして存在した）。

しかし、残念ながら、現在の広帯域デジタル観測時代前のことで、観測機器の技術的制約から、大きな成果を生まなかった。ただし、孔内に長期計測器を設置するというノウハウは、そのあと我々の実験に生きることになった。

著者の一人、末廣のグループは、八〇年代に始まった広帯域デジタル観測のネットワークの広がりとその成果をみて、それをぜひ海底にも拡げたいと思った。

そして、日本海に孔内広帯域地震計を設置して、和達―ベニオフ面の地震を観測すれば、日本海の下の上部マントルに初めて光が当てられ、日本海の成因、島弧マグマ活動、プレート沈み込み深部のダイナミクスの解明に、今までにないデータが得られる、と主張した。

このODP提案は採択され、国際深海掘削計画の第一二八節航海として、一九八九年に実現した。結果的に長期継続観測には失敗したが、世界で初めて広帯域デジタル地震観測データを数日分得ることができた。その中には、ミャンマーで起きたM五クラスのきれいな地震記録も含まれていた。

海底孔内のノイズは、設置した測器の分解能より小さいということもわかった。つまり、陸上で用いられている大型で、もっと高性能の測器が設置できれば、情報量が増えるというわけだ。残念なことに、このとき採用したハワイ大学方式の設置方法（センサーの口径を十分小さくしてドリルパイプの中を通して測器を下ろす方法）では、それが使えなかった。

日本海下の深部構造に光がほとんど当てられなかったのは残念だが、将来への展望は開けた。実際、この結果は米国にインパクトを与えたようで、第一線のグローバル地震学の複数の研究者たちから、突然祝福のメールを受け取ったことを思い出す。

今思い返しても、完全な失敗に帰するかもしれない瞬間はたくさんあった。どうして観測に成功できたのか。幸運の女神がついていたとしか思えないが、このチームで失敗するなら誰がやっても失敗するだろうと思えるくらいベストメンバーで臨んだことは自負できる。

これは、研究者側だけでなく、掘削チーム側、測器製作側、チャーター船などの支援側、すべての現場担当者と世界中を飛び回って数知れない打ち合わせを繰り返し、徹底的に議論をしたことが、全員の力を揃えることになり、女神の力を引き寄せたものと思われる。

それぞれの組織の命令系統などをまったく考慮しなかったので、研究者の知らざるところで関係者には苦労をかけたかもしれないが、実験の成功を最優先できた。そういうチームには、多分特別な雰囲気、あるいはオーラがあったのだと思う。掘削船の上で、実験が成功しつつあることを乗船者に伝えると、掘削船のドリリング作業員までもが感動していた。それは今でも忘れられない。

### 西太平洋観測ネットワークへ

このチームの多くは、一〇年後の一九九九年から二〇〇一年にわたる三回のＯＤＰ掘削航海で、四本の掘削孔内観測所と陸上の観測所による西太平洋ネットワークを形成するという、より大きな成功の立役者となった。

実行部隊には、新たに荒木英一郎、カーネギー研究所のサックス（Selwyn Sacks）、リンディ（Alan Linde）が加わり、地殻変動の観測実験も行えるさらに強力なグループになった。

一九九九年、東北日本弧の東岸から約一六〇㎞沖合い、二二〇〇～二七〇〇ｍの海底の二カ所から一一〇〇ｍほど掘削を行い、その底に最新高性能の広帯域地震計や傾斜計、歪計を設置することに成功した。

八九年の実験から学んだことを生かすのはもちろんのこと、陸上で、本番と同じ測器の設置観測実験も行った。

太平洋側にターゲットを移したのは、海洋プレートの大局構造とマントルとの関係、さらに日本を苦しめる大地震に至るプレートの動きを知ることを、優先したからだ。

八九年に行った日本海の孔内観測は、そのプレートがさらに深部に入っていったらどうなるかということを調べるのが目的であり、いずれ、海底観測により光を当てなければならない。

西太平洋の孔内観測所設置では、最高性能の測器を複数同時に設置し、できるだけ孔内観測所の価値を高めようという方針を立てていた。そのため、以下のような設置方法がとられた。

今回は、口径の大きな測器群をドリルパイプの先端部につけて下ろし、掘削孔の底についたところで、船からセメントを注入し、測器群の周りをセメントづけする。そして、海底に電源、データ収録制御システムを設置したところで、海底直上で、パイプを切り離し、海底と孔内システムを掘削船から独立させる。

人間は船上にしかいないわけで、すべて遠隔操作である。ビデオカメラを下ろせるときは下ろして確認したが、それも海底までの話だ。

測器と海底は四本のケーブルで結ばれるが、孔を掘削し終えるまで、長さがどのくらい必要かわからない。したがって、ケーブルへのコネクター接続は、長さがわかってから、船上で半日かけて行った。いったん長さを決めてケーブルを切断したら、失敗が許されない作業だ。

最初の一九九九年の航海では、いったん始まると待ったなしの流れの中で手に汗を握りっぱなしであった。じつは、そもそも予定のスケジュールの半分以上を消化した時点で、まだ最初の設置にもとりかかれていなかった。それ以前のトラブルが続いたからだ。

海底に設置する、じょうごの形をしたドリルパイプ再挿入用のリエントリーコーンに問題があり、ケーシングパイプの切断、落下を招き、せっかく時間をかけて掘削し終えた孔が使用不能になってしまった。そのため、新しいリエントリーコーンを載せるために、横浜港まで戻るはめになったのである。

その後、新たな観測孔を掘削し直し、やっと設置作業にこぎつけたが、今度は、測器が孔底近くの裸孔部分をうまく通過せず、あと数mで完了というところから、いったんすべてを引き上げ、測器を一一〇〇mもの長さ分吊った状態で、別のドリルパイプとビットで掘削し直すことになったのである。

これも成功するとは限らず、まったく成果ゼロで帰港することになるかもしれないと覚悟したが、幸い、今度はうまくいった。

このときすでに、出港した一九九九年六月二一日から航海の半分以上を消化した七月二八日であり、残る一点の掘削設置が危ぶまれた。

しかし、次から次と起こる不測の事態を打開するための方策を考え、実行するという姿勢には力強いものがあった。これも運命の女神を微笑《ほほえ》ます一因となったのだろう。二番目の観測所の設置はスムーズに運び、当初の予定どおり、八月一四日に帰港できた。

その後二〇〇一年に至るまでに、日本から一〇〇〇km以上東に離れた北西太平洋真っ只中の深海底の固い岩盤中と、フィリピン海の中央部、沖ノ鳥島西方の海盆の固い地殻中への観測所の設置も成功した。終わってみれば、世界初の四点の孔内観測所が、ネットワークの一部として完成した。

これらの海底孔内観測所のデータは、孔底の測器から海底までリアルタイムで上がり、そこで記録され、潜水艇による回収を待つ方式で現在に至っている。実際の記録データが、意義深いことが証明されたら、陸上まで海底ケーブルか、ブイを介して衛星経由で運びたい。

これまでに集まったデータから、陸上のデータから推測されてきた地球の内部構造のモデルとは異なる海底下の世界、とくに上部マントルの〝異常な構造〟が浮かび上がってきている。

自然地震の発生が十分にあって初めて、新しい地球構造モデルの構築に至る。毎年のデータ回収が待ち遠しいところである。

このように掘削孔は、掘削では届かない地球深部の覗き窓となることが実証された。我が国の研究者は、この経験を生かし、「ちきゅう」を用いた新たな観測網の展開に、意欲を燃やしている。

## 五－5　地球深部探査センターの創設

### 新しい科学マネージメントのモデル

「ちきゅう」の運用とそれに伴うさまざまな科学研究の支援を行うには、そのための専任組織が必要である。この組織は多様な専門家集団から構成される。それらを列記してみよう。

#### ◆1、事前調査と掘削計画立案

科学諮問組織で採択された掘削地点について、安全面および技術面から検討を行うために、調査を実施する。

たとえば、海底直下にガス層があると、掘削時に噴出して大変危険なので調査が必要であるし、海況が悪い場所では、掘削可能な期間を割りだすことが重要となる。掘削をどのように行うのか、掘削孔壁を守るケーシングはどの長さのものをどれくらい準備するのかなど、合理的な掘削計画を立案する。

◆2、**技術開発**
ドリルビット、コアの回収率の改善など、掘削に関する技術開発と改善および、将来の四〇〇〇m級水深からの深部掘削技術の開発を行う。

◆3、**科学支援**
「ちきゅう」船上研究設備の維持と管理、データの管理と流通、成果の出版などを行う。

◆4、**企画と経理**
人事、予算の管理、そして広報など、計画の運営管理を行う。

二〇〇三年一〇月、これらの専門家集団による「ちきゅう」の運用を目指した組織、**地球深部探査センター**（ＣＤＥＸ＝Center for Deep Earth Exploration）が海洋研究開発機構内に創設され、平がセンター長に就任した。

「ちきゅう」の実際の運用は委託会社（たとえば船長はこの委託会社に属している）が、また、事前調査や科学支援の業務も一部会社に委託して行う。ＣＤＥＸは、これらの委託会社を監督するとともに、協力して効率的な運用を実行することになる。

我が国は、大勢の専門家集団を動かし効率的にスピーディーに物事をやり抜くことに長《た》けていないとよく言われる。確かに、研究者や技術者は、狭い自分の世界に入り込みがちであり、また、国際的な場で自分の主張を論陣を張って展開する力に乏しいことが多い。

また、行政に携わってきた人たちは、ともすれば、「役所の論理」には精通していても、国際的なレベルでの柔軟、かつ厳密なマネージメントの経験をあまり有していない。

「ちきゅう」の運用と計画の推進には、強力なリーダーシップが必要だが、根回し総意取り付け型の我が国の意思決定方法に慣れた人々の集団では、強力なリーダーシップが受け入れ難いという傾向がある。

このプロジェクトの推進は、単なる専門家集団によるのではなく、新しい分野へ果敢に挑戦する広い視野を持った人々によるべきものである。私たちは、我が国に新しい科学マネージメントのモデルを作るべく努力している。これもまた「ちきゅう」の挑戦の一つということができる。

「ちきゅう」の運用は、原則として統合国際深海掘削計画（ＩＯＤＰ）の枠組みの中で行ってゆく。これは、国際協力の場で運用してこそ我が国の実力が評価されるし、また、地球を知ることは人類共通の願いだという考えに基づいている。

# 第六章　未踏の地球深部へ

# 六－1　研究の推進

## 計画の立案と評価を科学者自身が行う

統合国際深海掘削計画（IODP）の目的は、新しい地球システム科学を国際的な研究者の組織の中で推進することである。まず、その組織と運営はどのようなものか説明していこう（図6－1）。

IODPの科学課題の大きな枠組みは、科学計画書（第五章参照）に述べられている。世界の研究者は、この科学計画書の課題に沿って、どういう科学目的でどこを掘りたいのかを具体的に記載した「掘削提案書」を提出する。

掘削提案書は、**科学諮問組織**（SAS＝Science Advisory Structure）と呼ばれる、科学者や専門家からなるいくつかのパネルによって、さまざまな角度から検討される。もちろん、科学の独創性や検証の可能性、それをサポートするデータの量や質、そして掘削に関する技術的、あるいは経費の面での妥当性などが含まれる。

このような検討を経て洗練された掘削提案が科学計画委員会（SPC＝Science

Planning Committee）で承認されると、正式にＩＯＤＰのプログラムとして採用され、その実行に向けて動き出すことになる。このプロセスには、通常、掘削提案書の提出から二〜三年が必要となる。

採用された提案は、さらに実行案として練られ、各年ごとに年次計画が作られる。そして、「ちきゅう」やその他の掘削プラットフォームを動員して掘削が行われ、試料分析、孔内計測や観測が実施され、成果が出版される。また、データは世界の研究者が利用できるように情報サービスセンターによって管理され、速やかな情報の流通が行われる。

科学諮問組織をスムーズに運営し、また、掘削の年次計画を策定しそれを実行するには、計画全体の実行機関が必要となる。これを中央管理組織（ＩＯＤＰ‐ＭＩ＝IODP-Management International Inc.）と呼び、ワシントン事務所と札幌事務所（北海道大学キャンパス内に設置）から構成されている。ワシントン事務所は主に経理や契約を担当し、札幌事務所は科学運営を担当している。

年次計画に採択された掘削計画は、日米欧の掘削プラットフォームの運用担当者によって実施される。日本は独立行政法人海洋研究開発機構（前海洋科学技術センター）に属する地球深部探査センター（ＣＤＥＸ）が運用を担当し、アメリカは海洋研究所連合法人（JOI

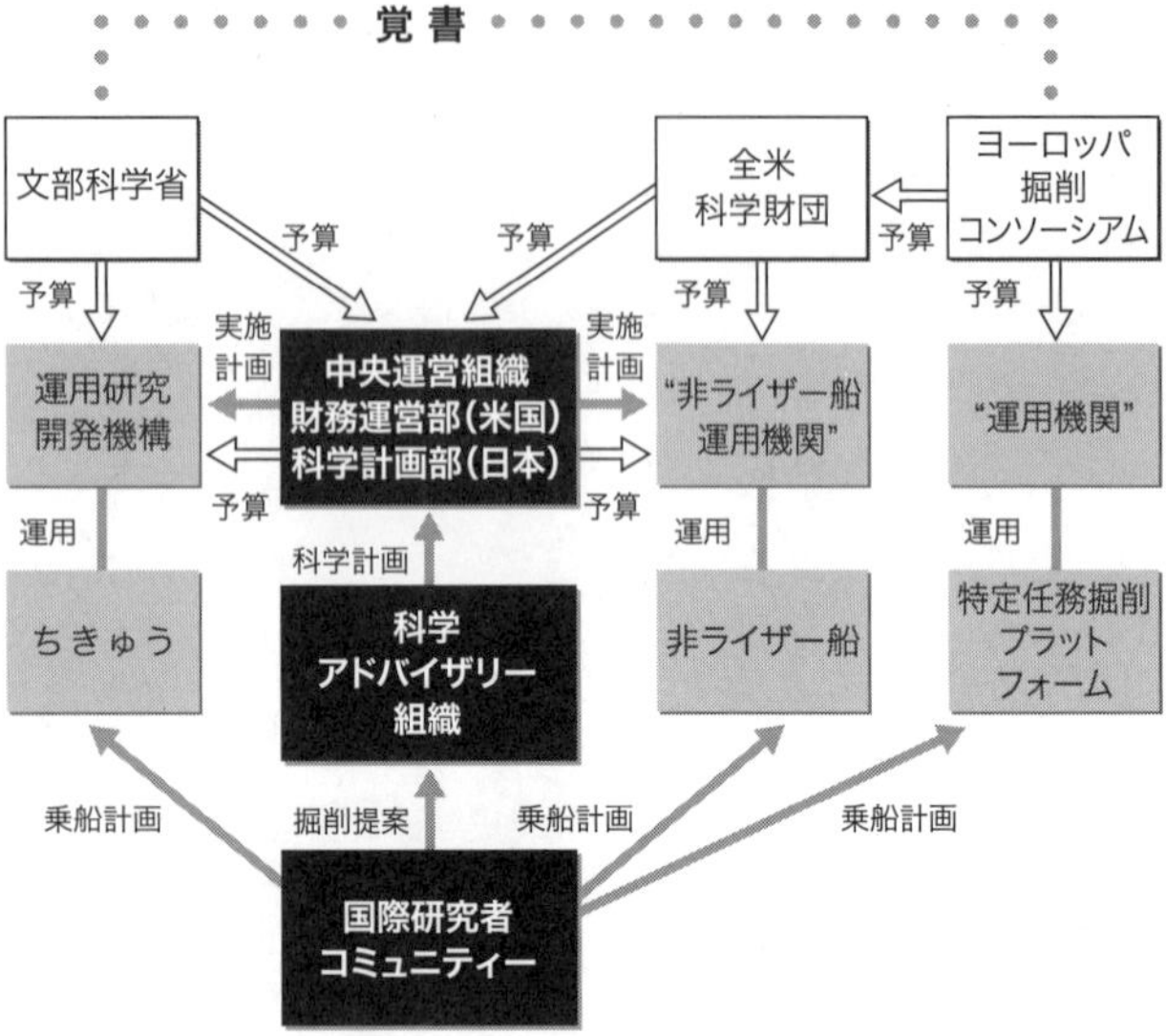


図６－１　ＩＯＤＰの組織

Alliance)、欧州は欧州科学運用組織（ＥＳＯ）が担当する。

以上のように運営の組織は一見複雑だが、その理念は単純である。

まず、計画の立案と評価は科学者自身が行う。そして、できるだけ公平性を持たせるために第三者の評価を受ける。施設（掘削プラットフォームやコア保管庫）の運用は独立した機関が実施し、全体の計画の管理運営は独立した法人（ＩＯＤＰ－ＭＩ）が行う。

このすべての運営組織のトッ

プは、科学者、あるいは科学者出身の人であり、予算を計上する政府機関は「金は出すが口は出さない」という構造となっている。もちろん、予算に見合った成果が上がっているかどうか、計画全体の評価は政府機関が行う。

科学の斬新なアイディアはしばしば常識を超えており、また、ときに今までの計画方針や掘削船の運用の仕方に大幅な変更をもたらしうる。もちろん、掘削における危機管理や環境保全などは最優先に考慮されるべきであるが、もし、計画が従来の慣例（要するに「前例がない」という言葉）や規則だけで運営されたら、このような斬新なアイディアを受け入れる素地がほとんどなくなる。そのようなアイディアを受け入れるのかどうかも含めて、科学者自身が意思決定に参加し実行に移すメカニズムを作って始めて、計画は真に科学目的を目指すものになる。

したがって、ＩＯＤＰでは、科学目的の決定（どのような研究を行うのか）、研究実施、研究成果のまとめと普及に関して、科学者が幅広く参加している。このような科学者主導の理念は、ＩＯＤＰの根幹であるとともに、国際共同研究のモデルとなりうる。

## 国内の科学推進について

ＩＯＤＰでは、掘削提案が科学を推進することを述べた。我が国の研究者が、この国際舞台で活躍し成果を上げてゆくには、国内での掘削提案の作成と研究推進体制の整備が重要となる。

これに関しても、いくつかの目覚ましい進展があった。

まず、我が国の研究者が自主的に研究活動を展開するための組織である**日本地球掘削科学コンソーシアム**（Ｊ－ＤＥＳＣ＝Japan Drilling Earth Science Consortium）が作られた。これには二〇〇五年七月現在、全国四四の大学、研究機関からなる正会員と、一九の民間企業等の賛助会員が所属し、国内や国際的な計画への対応を行っている。

この組織の特徴は、個人が直接会員となる学会等とは異なり、大学や政府系の研究機関が直接会員となり構成される点である。すなわちこの組織は、我が国の関係研究機関がネットワークを作り、その総力をあげて参加できるようになっている。

また、海洋研究開発機構には、地球内部変動研究センター（ＩＦＲＥＥ）が作られた。これは、地球システム科学とＩＯＤＰの研究推進を目的とし、一〇〇名ほどの研究者から構成される中核研究組織である。第五章で述べた高知大学海洋コア総合研究センターも中心的な組織であり、これらと各大学や研究機関が、日本地球掘削科学コンソーシアムを軸として連携し、研究が推進されつつある。

さらに我が国研究者とアジアの研究者の協力も重要な柱として考えられている。実際、台湾の集々《チーチー》地震を起こした断層の掘削など、IODPの準備研究が協力して進められている。

## 六－2　IODPの科学課題

### 我が国の提案

日本地球掘削科学コンソーシアムでは、IODPの科学計画書に基づき、我が国の研究者が集まり、日本が重点を置く科学目標や、それを実現するための戦略を記した独自の科学計画書を作り上げた。この計画書の概要を解説するとともに、IODPによって具体的に何を明らかにしようとしているのかを述べてゆこう。

「ちきゅう」を用いての掘削提案、そして科学課題としては、次の六つが中心となる。

1、プレート境界巨大地震のメカニズム

2、プレート沈み込み境界での地殻の進化（火山列島の進化）
3、地下生物圏と生命の起源
4、メタンハイドレートと地球環境
5、ヒマラヤ、モンスーン、そして人類進化
6、二一世紀モホール計画

以下、これらの概要をまとめてみよう。

## 1、プレート境界巨大地震のメカニズム

南海トラフ、駿河トラフ、相模トラフは、地下に蓄えられた強大なエネルギーが放出される現象、すなわち巨大地震の発生場所としても知られている。七世紀からの古文書などの記録によると、過去一二回、九〇～二五〇年おきにM八クラスの巨大地震が発生していることが知られている。巨大地震は、津波を伴い、甚大な被害をもたらす。

さらに南海トラフの東端に位置する東海地域では、過去一五〇年の空白期間があり、東海地震はいつ起きてもおかしくないと言われている。また相模トラフでは、一九二三年の関東

大震災からすでに八〇年以上が経過している。

南海トラフなどにおける巨大地震は、プレートの沈み込み境界に沿って発生すると考えられ、発生する場所は限定されている。それは、海溝から約二〇km陸側にプレートが入り込んだ所から海溝軸にほぼ平行で約一〇〇kmの長軸と、それとほぼ垂直の約五〇kmの短軸からなる楕円形の面で近似される。

東海沖から足摺岬《あしずりみさき》の沖合いまでの南海トラフには、このような巨大地震の時に破壊される断層面が四つ特定されている。この四つの断層面どれもが巨大地震を起こすポテンシャルを持ち、それが全部破壊されたときには、最大規模の地震が起き、一つだけであればやや小さい地震になる。

歴史の記録をみると、各断層面は、一つだけ破壊されたり、隣どうしが一度に破壊されたり、あるいは少し時間をおいて（たとえば一九四四年と一九四六年）破壊されたりしている。また、足摺岬の沖の断層面は、地震よりも津波を起こすことで特徴づけられている。

南海トラフでは、なぜこのような規模の断層面の破壊が繰り返し起こるのだろうか。各断層面には、それぞれ破壊の特徴があるが、その個性は何に起因するのだろうか。平均的な繰り返し周期である一三〇年は、なぜ一三〇年なのだろうか。

地震を起こす断層面は、摩擦によって沈み込むプレートと上盤のプレートが固着し、なんらかのきっかけで断層面が破壊され、地震を起こすと考えられているが、摩擦はなぜ生じるのだろうか（図2－2参照）。

そして、破壊を起こす要因は何なのだろうか。

断層の中に水はあるのだろうか。もし水が存在するなら、それは摩擦のメカニズムにどのように関与しているのだろうか。

以上のような疑問が解決できると、地震の予測も大きく前進するに違いない。

IODPでは、「ちきゅう」を用いて、この巨大地震の発生する断層面そのものを掘削しようとしている。その結果、断層面を構成する物質、そこに含まれていると予想される水、温度や圧力、歪《ひずみ》などを調べることができる。

同時に、いくつかの掘削孔を使った長期観測実験を行えば、断層面の状態や周囲の岩石の変化などを把握することが可能である。さらに掘削孔の周囲や海底に観測網を展開すれば、広域的な海底の地殻変動とプレート境界断層面の変化の関係が判明するだろう。私たちは、これこそが、地震予測への近道であると考えている。

さらに、世界のプレート沈み込み境界をみてみると、その地震学的な性質には多様性があ

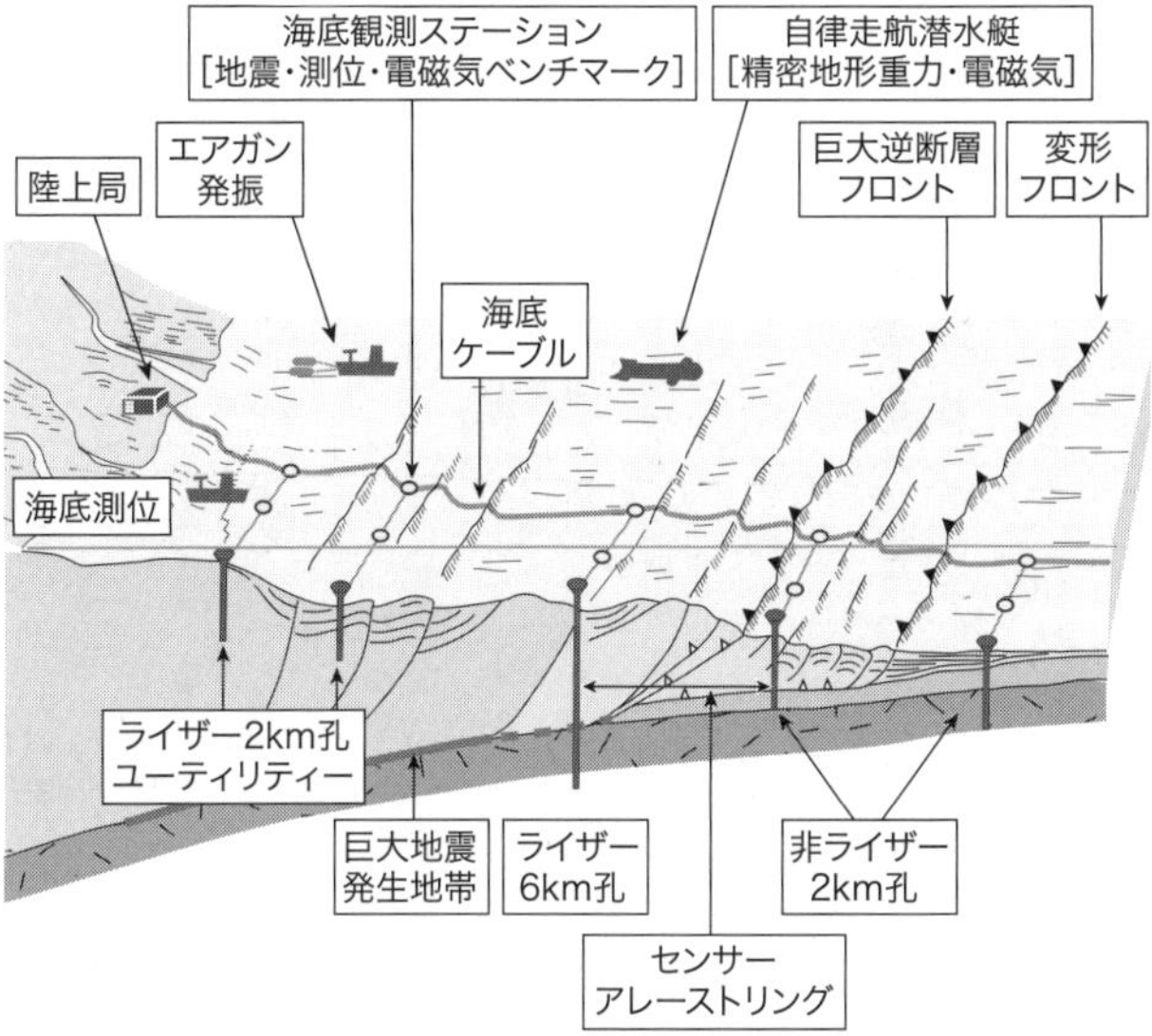


図6-2　地震断層面の掘削と観測

ることに気が付く。

たとえば、チリやアラスカではM九クラスの巨大地震が起きており、一方、マリアナではM七以上の地震の発生はほとんど知られていない。なぜ、そのような違いがあるのかは、十分にはわかっておらず、このような多様性の原因を探ることも、地震のメカニズムの理解にとって重要な研究課題となる。

したがって我が国の周辺だけでなく、いくつかの観測網をグローバルに展開すれば、比較的短時間で（たとえば一〇年以内）、プレート沈み込み境界での地震の多様性と普遍性について理解が大きく進み、また、地震の前兆現象や予測の可能性検証に関して、重要なデータを得ることができる。また、もし巨大地震が発生したら、このような観測網から陸上観測網に先んじて発生を知らせ、場合によっては地震動の到達までに数十秒の〝余裕〟を与えてくれることが期待できる。これによって、都市防災のあり方を大きく前進させることもできるだろう。

スマトラ沖の津波断層に関しては、これからのデータの蓄積を待たねばならないが、断層が特定されれば、掘削による研究の可能性が出てこよう。

たとえば、M九クラスの巨大地震を起こした断層とはどのようなものなのか、M八クラス(たとえば南海トラフ)とは異なるのか、そして、巨大地震の発生直後からどのようにして次の地震が準備されるのか、といった課題への貢献が期待できる。

## 2、プレート沈み込み境界での地殻の進化(火山列島の進化)

伊豆半島から南へ火山島の列が続いている。伊豆七島と呼ばれる島々である。これらは活火山から構成されており、伊豆大島や三宅島などでは、噴火によって大きな被害が出た歴史が知られている。

さらにその南には硫黄島《いおうじま》などがあり、北部マリアナ諸島へと続く。この島列は、大きな火山地形の一部であり、その全体は**伊豆—小笠原—マリアナ島弧**と呼ばれている（口絵⑩）。

一九九〇年頃、当時、東大海洋研で研究を行っていた平朝彦、末廣潔、篠原雅尚、高橋成実などは、青ヶ島付近を東西に切る伊豆・小笠原島弧の地殻断面と、周辺の地形や地質の探査を行った。それは、伊豆・小笠原島弧のように、マグマの供給があり、下部が高温になっている場所では、通常のプレートテクトニクスでは簡単に説明できない現象が起こっていることに注目したからである。

その現象とは、たとえば、背弧海盆の生成が一番高温と考えられる火山列の真下ではなく、その西側で起こっていること、また、島弧が衝突している伊豆半島付近では、島弧の一部は沈み込む（たとえば相模トラフ）が、中心部は沈み込まずに付加されていること、などである。

その結果、意外なことが発見された。青ヶ島付近では、島弧地殻の中部（中部地殻）に弾性波（縦波）速度六・二㎞／秒を示す部分が、厚さ七㎞ほど分布していたのである。このような弾性波速度は、花崗岩質岩石に特有であり、海洋地殻はもとより、海洋島、海台などではみつかっていなかった。

プレートが沈み込む時にマントルに水が供給され、それによってマントルの融点が下がりマグマが形成され、火山列島（島弧）が造られるが、火山の土台に注目すると、島弧には大きく二つの種類がある。

一つは、もともと大陸地殻を土台として、その上に火山列が造られたもので、東北日本や西南日本はその例である。このような島弧では、土台に花崗岩が初めから存在していた可能性が高い。

一方の伊豆―小笠原―マリアナ島弧は、海洋地殻（玄武岩）を土台に火山列島が造られたと考えられる。

マントルが溶けるとまず玄武岩マグマができる。すなわち、海洋地殻に火山列島を載せても、全体としては玄武岩質の地殻が造られることが予想される。実際、多くの場所でそのことが立証されてきた。

ところが青ヶ島付近の伊豆―小笠原島弧では、地殻の約三〇％が花崗岩質である可能性が出てきたのである。

もしそれが花崗岩質の地殻であるなら、どのようにしてできたのだろうか。

それを解く一つの鍵が丹沢山地にある。

丹沢山地は、約五〇〇万年前に伊豆—小笠原島弧の一部が本州に衝突して付加されたものと考えられる。丹沢山地には厚さ一〇km近くの花崗岩質の岩石が露出している。そしてそれは、青ヶ島付近で発見された花崗岩質と思われる中部地殻と同等のものと推定できた。

この花崗岩質岩石を研究した横浜国立大学の有馬眞らは、これが島弧の玄武岩の再溶解によって作られるマグマから形成されたとの実験結果を発表した。

もしそれが事実なら、青ヶ島付近では火山列島が造られたあとに、その地殻が大規模に溶融しなければならない。そのような〝事件〟が本当に起こったのだろうか。また、その熱はどこから来たのだろうか。

なぜ私たちは、この花崗岩質と思われる中部地殻にこだわるのだろうか。

地球には花崗岩質地殻（大陸地殻）が存在するが、火星や金星ではその存在は今のところ確かめられていない。すなわち地球は花崗岩質地殻の星でもある。花崗岩質地殻は、玄武岩質地殻より多様な種類の元素を多く含み、それらの元素は地球の環境や生物の多様性を作ってきた。地球の歴史を理解し、地球システムの本質に迫るには、花崗岩質地殻がどのようにしてできるのかという問題が大変重要なのである。

今、我が国の研究者の多くは、伊豆—小笠原—マリアナ島弧で花崗岩質地殻の〝種〟が生まれていると考える。もし、このことを立証し、さらにその成因を明らかにすると、大陸地殻の進化が解明できるだろう。
伊豆―小笠原―マリアナ島弧のどこを掘削すればこの問題が解決できるのか、現在、国際的な検討が続いている。

### 3、地下生物圏と生命の起源

地中深くに微生物が棲んでいることが広く知られるようになったのは、一九九〇年代である。

それ以前にも地下深部の油田掘削から得られた間隙水中に硫酸還元菌（硫酸イオンを還元して、元素態の硫黄を作りだす際のエネルギーを用いる細菌）が発見されていた。しかし、当時の分析技術の未熟さも手伝い、これが地表付近から掘削の際の循環水などによってもたらされたものかどうかわからなかった。そのため、この研究はそれ以上の進展をみることがなかった。

一九八〇年代になると、地下水についての水質安全基準が米国で議論されはじめた。それに伴い、地下水中に含まれる微生物についての検討が進み、五〇mを超える地下で棲息する微生物の存在が次第に明らかになってきた。

当然、この間、試料採取法において大きな改善がなされ、その結果として表層からの微生物の侵入や汚染という問題が無視できるほどになった。さらに分析培養の技術の発展とも相《あい》俟《ま》って、地下に多様な微生物が棲息している事実が、周知のものとなっていった。しかし、微生物には培養で増えるものと、そうでないものがあり、微生物世界の全体像はなかなか把握できなかった。

この分野で決定的とも言えるほど大きな役割を果たしたのが、分子生物学的な技術の発達である。とくに細胞内のリボゾームから取り出した遺伝子（16SrRNA）分析の結果を基にした、種レベルでの同定、認識が進み、表層とは異なる種構成を有する地下微生物圏の存在が、分子レベルでの分析においても確認された。

リボゾームは細胞内のタンパク質の合成装置であり、その基本的な機構はすべての生物に共通する。

細菌の16SrRNAの場合、約一六〇〇塩基から構成され、情報量として適当な大きさで、長い進化のうえですべての生物において、共通の機能を担っている。したがって、進化速度は速すぎず、生物の大きな系統関係を調べるのに最も適している。

このような発見、分析の歴史を経て、一九九〇年代に入って初めて、多くの科学者が地下圏微生物の存在に注目するようになった。

現在ではこのような微生物は、主として地殻深部から採取された地下水や、掘削コア試料、さらに地下深部にある油田の石油中に含まれる間隙水から得られている。

これまで産出報告のある地層は、一般的には有機物に富む堆積岩に集中してきたが、微生物の栄養となる有機物を含まない花崗岩や玄武岩といった、地下深部にあるマグマに由来する火成岩からも、その存在が報告されはじめている。

例として岐阜県東濃地域の花崗岩中から微生物本体が、また、深海底では、海嶺で作られた玄武岩中から微生物の活動の痕跡が報告されている。

これら微生物の棲息状況、つまり、どのような種類の微生物が、どのように、どれだけ棲めるのかという問題については、これまでのところよくわかっていない。とりわけ、地下深部に棲む微生物の新陳代謝は謎につつまれている。

地下環境の中には、我々が考えるよりはるかに変動が大きく物質の循環も活発な場所が存在すると考えられる。熱水や地下水の活動は地殻深部まで到達し、また、地球深部からはマグマや流体が上昇してくる。断層運動は岩石内に割れ目を作り、化学反応を活発にさせる。

流体は時にマントルや地殻内部に偏在し、そこでは特殊な環境が作られるだろう。

このようにマントル、地殻を通じてさまざまな物質の移動が行われている場所やエネルギーが発生している所では、未知の生態系が存在する可能性が指摘できる。

図６－３は深海底掘削によって得られた地層の、単位体積中の微生物の細胞の量を表した図である。

海水中の微生物の数は$10^5$個／㎤程度である。このことから、地層の中には微生物の細胞が多量に存在することが理解できる。

微生物の生育温度限界はどのようにして決められるのだろうか。

生物の生育には水が必要である。大気圧下では、水は一〇〇℃を超えると沸騰するので、これ以上の温度では生育が難しい。しかし、水に塩分が溶けていたり、圧力が高くなると沸点が上昇する。大気圧より圧力のかかる環境、たとえば海底や湖底、地殻内部といった場所では、一気圧以上の圧力のため沸騰が起こらない。このような場所では、微生物が一〇〇℃以上の温度で棲息できる可能性がある。

次に、生体を作る有機高分子の安定度が問題となる。

たとえば、二五〇℃の環境では、エネルギー伝達物質であるＡＴＰ（アデノシン三リン

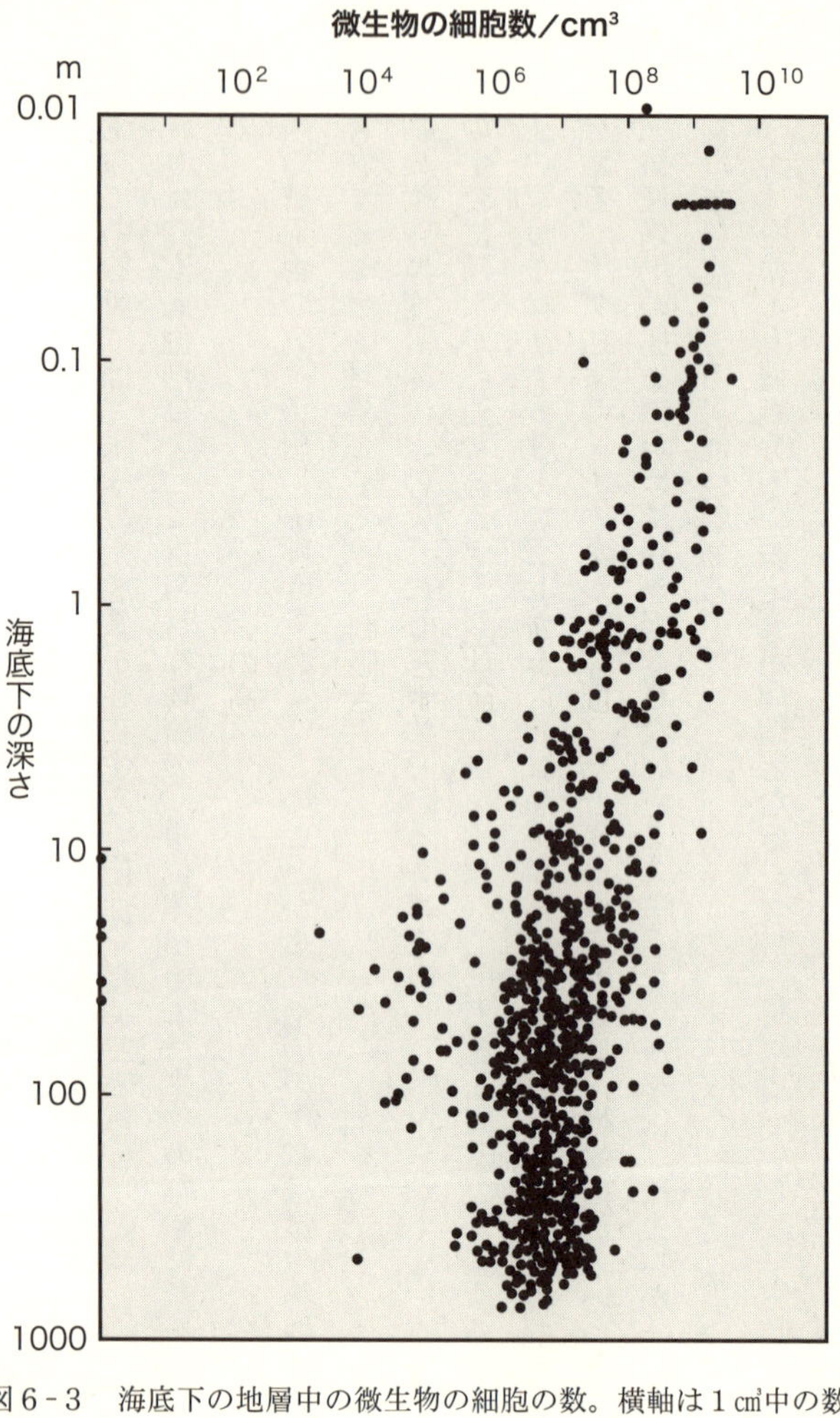


図6-3　海底下の地層中の微生物の細胞の数。横軸は1㎤中の数を表す

酸）は、わずか一秒でその数が半減してしまう。また、ＤＮＡは二〇マイクロセカンド、分子量四万八〇〇〇のタンパク質は約一秒しかもたない。もちろんアミノ酸もこの温度では不安定である。したがって、二五〇℃のような高温では生物の生育が難しい。

現在、微生物が棲息できるとされている最も高温が一一三℃であることを考えると、将来の掘削によって一三〇～一五〇℃くらいの高温でも耐えうる微生物が発見されるかもしれない。

温度と深度との関係は、地温勾配《こうばい》に制限される。

仮に海底面付近の温度を三～五℃程度とする。ここで、仮に、一一三℃を生物が地下に棲息する最高温度と仮定すると（保守的な見積もりである）、この温度に達する埋没深度は、地下およそ四kmと推定される。海底面からこの程度の埋没深度までが、微生物の生活圏となる。海洋地殻の厚さを五kmとすると、もし一五〇℃に耐える微生物が存在すれば、マントルにも微生物が棲息可能となる。

**◆生命の起源を探る**

地下圏微生物の持つ魅力は、単にその量の推定や、それが地球システム変動において果た

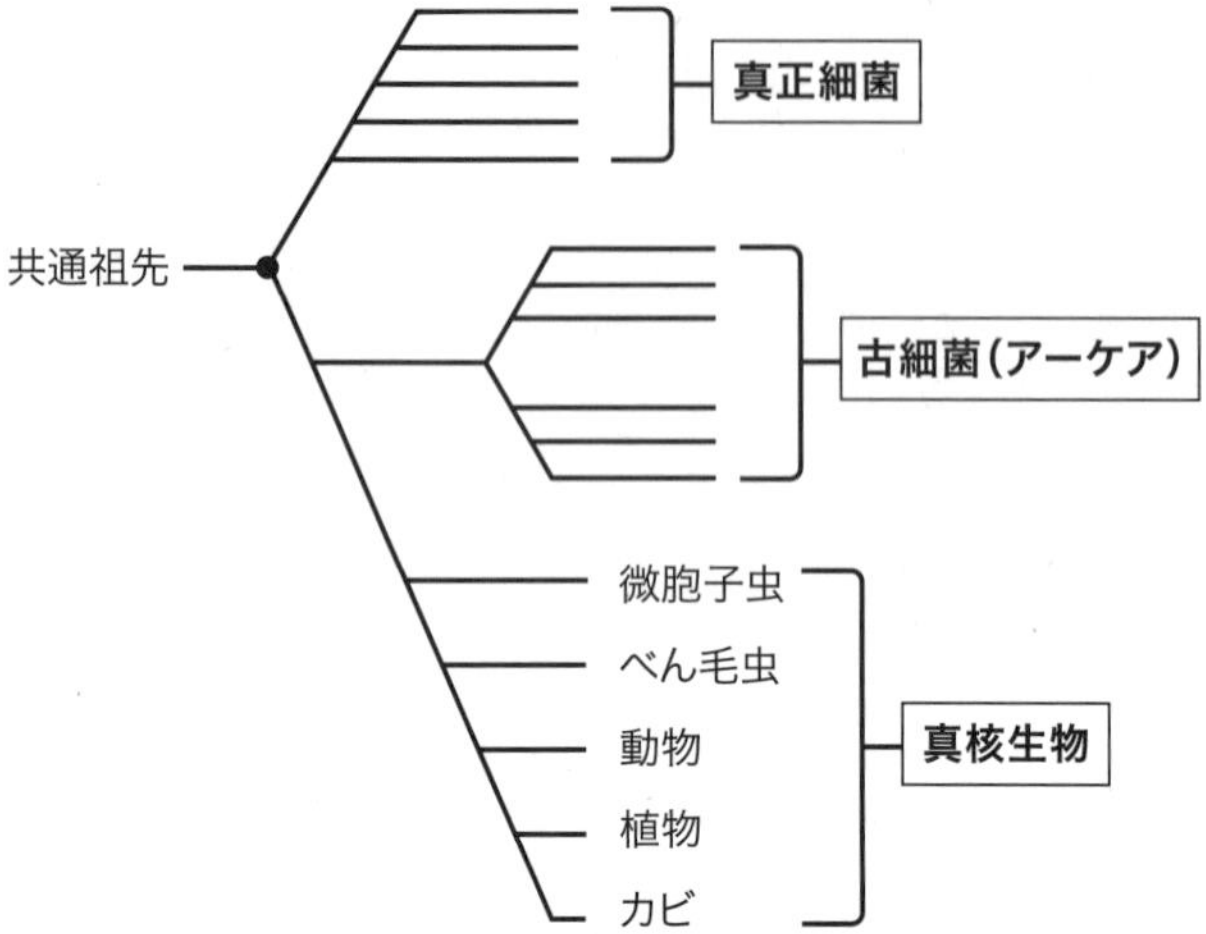


図6-4　地下圏微生物を取り巻く系統樹

す役割だけではない。

地下圏微生物を取り巻く系統樹を図6-4に示した。我々人類は、この図で示した動物の場所に位置する。系統樹の底辺にいる微生物は、古細菌(アーケア)と真性細菌の二つの異なる系統に位置する。

このように大きな幹で分かれているものの、より原始的、つまり遺伝子の単純な構造を持つ種は、共通した特徴を持っている。それは、還元環境(分子状の酸素が存在しない場所と考えてよい)に棲息し、高温で活発に活動する微生物である。

このような事実は、生命誕生の現

場について多くのことを示唆している。

太古の地球（四〇億年前頃）では、惑星の形成に伴って生じた大量の隕石衝突の時代が終焉し、歳月とともに地球環境が安定していったと考えられる。

当時は地球内部の温度が十分に高いのでマグマの発生が活発であり、海水と反応した熱水活動が盛んであった。大気は大部分が二酸化炭素で、分子状の酸素はほとんど含まれていなかった。したがって生命の誕生現場として、高温の水と鉱物が反応するような場所（熱水環境）が考えられるのである。図6－4の共通の祖先は、そのような場所で誕生したと推定できる。

さて、生命の誕生には、生命の材料となるさまざまな物質が化学的に作られていく準備段階が必要である。それを「化学進化」と呼んでいる。

たとえば、そのシナリオとして次のようなことが考えられる。

熱水環境においては、まずアミノ酸が合成され、さらに熱水環境に豊富に存在するリン酸からヌクレオチド（塩基、糖、リン酸からなる核酸の構成単位）が作られた。また、リン脂質が合成され、細胞膜の原形ができあがった。この原始細胞膜の中で、アミノ酸や核酸の反応が繰り返し試行され、タンパク質を合成し、複製する機構ができあがった。それはおそらくRNAによる複製機構であったと思われる。細胞膜の中で、タンパク質の合成が行われるようになり、自己複製が可能な原始細胞が誕生した——。

現在も、このような化学進化は、海底近くの熱水環境で起こっているかもしれない。しかし、それを実証することはほとんど不可能である。というのも、これらの環境は、現在では生命とその分解物に満ちあふれ、化学進化の物質のみを抽出することが困難と考えられるからである。

ではほかに、現在も生命誕生の現場を保存しているような場所が地球に存在するだろうか。その候補として、地下深くの流体の流れる場所が考えられる。

たとえば、海洋地殻は一〇〇〇℃以上の高温のマグマが冷却してできる。その下部のマントルも同様に高温であり、海洋底拡大によってやがて冷却が始まる。初期には、岩石は完全に〝滅菌〟状態にあり、生命の痕跡は消し去られると考えられる。

マントルを構成すると考えられるカンラン岩は、水と反応して蛇紋岩《じゃもんがん》となるが、その際$CO_2$と$H_2$が発生する。冷却期に入った地殻やマントルに断層や断裂が生じると、そこに蛇紋岩化作用で生成された$CO_2$や$H_2$を含む流体が流れ、鉱物と流体の反応が起こると考えられる。

地下深部で化学反応が活発に起き、炭素（C）、水素（H）、窒素（N）が存在する場所では、生命の起源に必要な化学進化が起こる可能性がある（図6－5）。

同様の反応は大陸地殻でも起こるかもしれない。しかし、大陸地殻にはすでに過去の有機物を持つ地層が普遍的に存在するので、海洋地殻ほど単純な系ではない。

生命の起源に必要な化学進化の手掛かりを、海洋地殻やマントルに探すことは、地下圏微生物そのものの発見と同様に重要である。

火星には過去に海洋が存在したらしい。もし、海洋があり、火山活動があれば生命誕生の可能性がある。

木星の衛星であるエウロパは、鉄質のコア、珪酸塩のマントル、約一五〇㎞の氷（内部には液体の水があると推定される）の地殻から構成されると推定されている。マントルの一部が溶けている可能性があり、それが火山となって噴き出し、さらに表面の氷の移動、分裂などによって、氷と岩石が一部混じりあっているらしい。エウロパの内部に液体の水があり、火山活動が存在しているとすると、そこには生命誕生の条件が与えられている。

もし、地球の地下深部でのさまざまな生化学的、そして生物学的な知見が得られれば、それは、地球外生命の探索と同様に重要なことである。

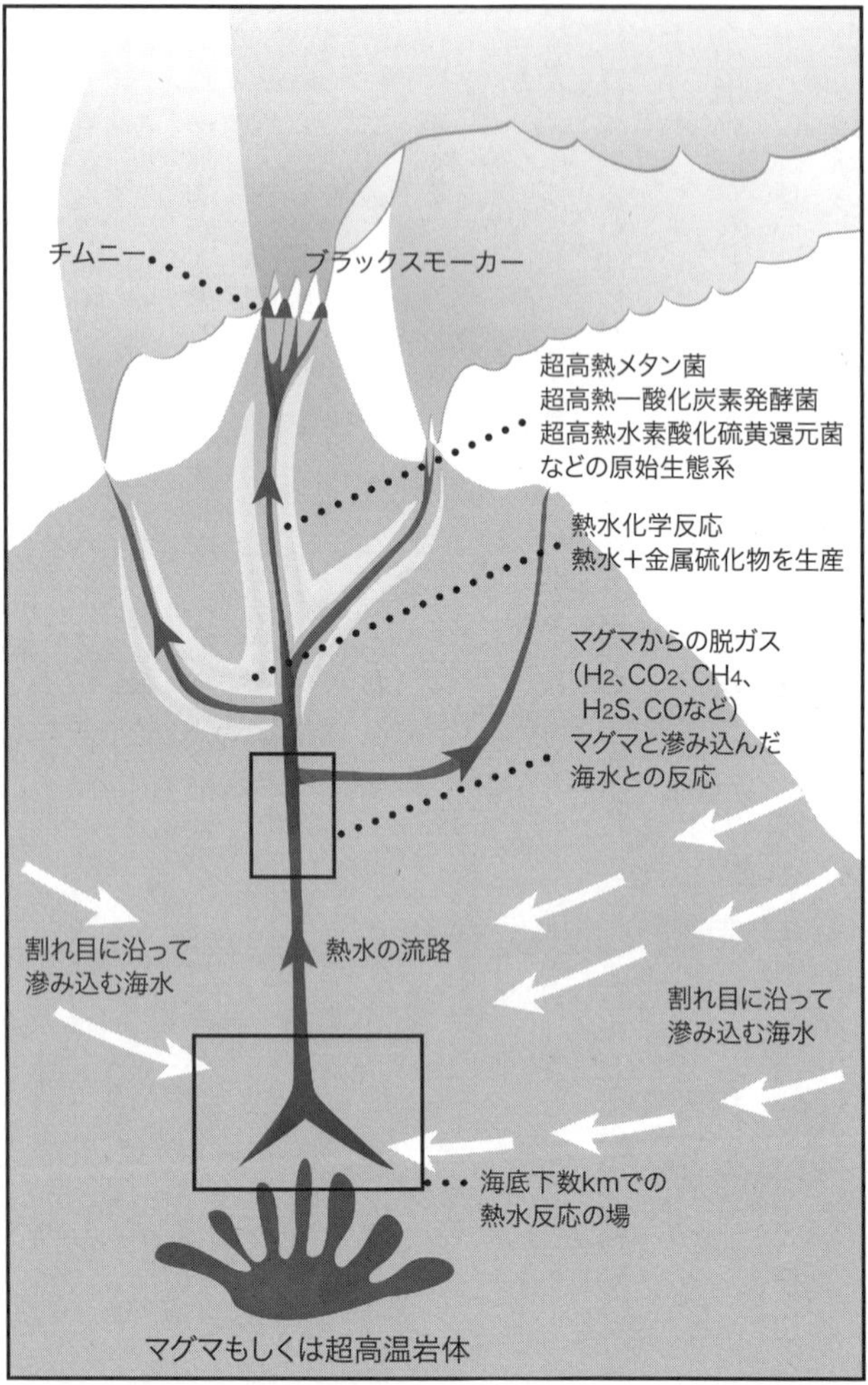


図6-5　深海底熱水活動域の海底下に存在すると考えられる地球最初の生態系のモデル

ＩＯＤＰでは、さまざまな場所において、地下生物圏の探索とその内容、そして生命の誕生に関係する証拠の発見を行ってゆく。「ちきゅう」や高知大学海洋コア総合研究センターには、そのような研究に必要な設備が整えられている。またこの分野では、高井研、稲垣史生ら若手研究者が世界をリードしつつある。未知の世界への探索が今、始まろうとしている。

### 4、メタンハイドレートと地球環境

手のひらに冷たいメタンハイドレートをおいて火を近付ける。次の瞬間、手にしたメタンハイドレートは青白い炎を上げ燃えはじめる。不思議な、冷たく感じる炎である（図6－6）。

メタンハイドレートは、天然ガスとして次世代の重要な資源と考えられつつある。南海トラフのメタンハイドレートは、全体で日本の天然ガス年間消費量の九〇年分くらいあると言われている。

ガスハイドレートとは、水分子とメタンなどのガス分子からなる氷状の固体結晶を指す。ただし、厳密な意味での氷ではなく、包接化合物と呼ばれるように、あたかも鳥かごのような水分子の結晶（クラスレート）の中にメタンの分子が一つ入るような形状をしている。し

**ガスハイドレート3種類のかご状構造**

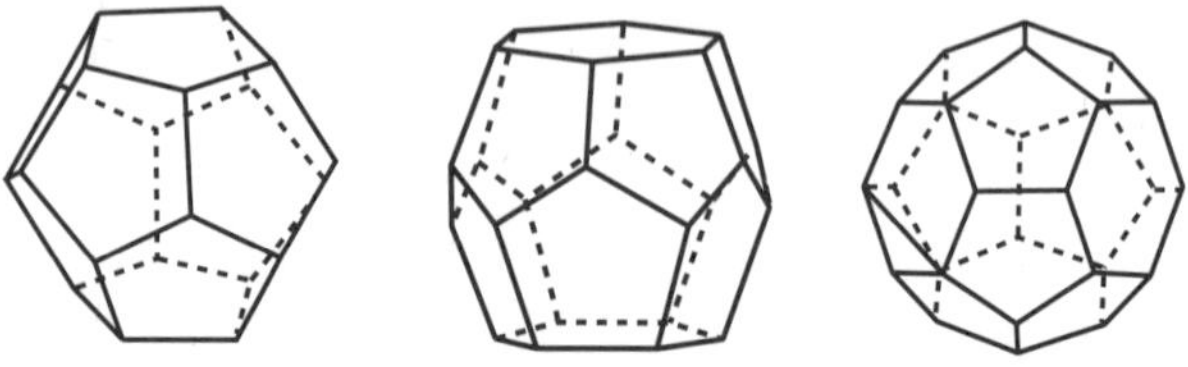

(1) 正12面体($5^{12}$)　(2) 14面体($5^{12}6^{2}$)　(3) 16面体($5^{12}6^{4}$)

図6-6　燃えるガスハイドレートとその構造

たがってメタンハイドレートはガスハイドレートの一種である。

メタンハイドレートを室温状態で溶かすと、ハイドレート一m³に対して一六四m³のメタンガスが溶け出し、〇・八m³の水が残される。

このように気体のメタンに比べてその体積は小さく、その構造から、ハイドレートはメタンガスの缶詰めのような役割を担っている。

ガスハイドレートの中にはメタン以外の炭化水素分子、たとえばエタンやブタン等のより重い炭化水素分子が入ることができるが、自然界でみられるガスハイドレートのほとんどに、メタン以外の炭化水素は含まれていない。

メタンハイドレートの存在を我々が知るようになったのは、極寒の地からの事故報告であった。それはおおよそ二〇年も前、シベリアに作られた化学工場で起こったパイプラインの目詰まり事故であったことは、すでに述べた。

その後、シベリアなどの土壌の下にある凍土層でも、氷に混じったメタンハイドレートがみつかった。調べてみると微生物によって凍土中に含まれる有機物が分解し生成したメタンが、地下水と反応し、資源として有効なメタンハイドレート層を作るまでに成長していた。その代表例として考えられるのが西シベリアのメソハヤ天然ガス鉱床である。

こうしたシベリアを中心とする寒冷域でのメタンハイドレートの存在が次第に有名になる一方、思わぬ場所からメタンハイドレートの存在が知られるようになった。その情報は、黒海やカスピ海の底に堆積した地層を分析した研究者から発信された。

黒海やカスピ海の海底では、表層からマリンスノーとして一旦堆積した有機物が地層の中で微生物によって分解され、多量のメタンが地層中に形成される。過飽和にまで増加したメタンガスと間隙水とが、二〇〇〇ｍを超える深海底という場で反応し、メタンハイドレートが形成されていた。

この発見が引き金となって、黒海やカスピ海という閉じた大陸中の大きな湖だけでなく、太平洋や大西洋といった深海底の地層中に、広範囲にメタンハイドレートが存在する可能性が指摘された。

そして、深海底の反射法地震波探査のデータが新しい情報を持ち込んできた。すなわち、深海の地層の構造を調べると、地層が持つ傾斜や褶曲などの構造とは明らかに斜交し、海底面にほぼ平行する反射面が存在することが一九七〇年代頃から知られ、広まってきた。

第四章四－３で述べたように、この反射面は疑似海底反射面（ＢＳＲ＝Bottom Simulating Reflector）と呼ばれるようになり、その成因を特定するためにこの面を貫く深海掘削が行われた。結果は明瞭で、BSRを挟んでなんら大きな岩石の種類や堆積の時代の違いはみられなかった。むしろ地層の構造とは独立した別の要素、すなわちメタンハイドレートの存在する上層と、これが溶解し気体ガスと水とに分解した下層との物性の違いを示す境界であることがわかってきた。

メタンハイドレートが溶解するかどうかの条件は、温度と圧力条件に依存する。つまり、埋没深度の増加に伴う温度上昇につれ溶け出す一方、減圧することでも溶解する。海底の水深が大きく変わらない場所では、海底からある一定の深さにBSRは位置しており、一見海底面と平行な面として捉えられる。

現在までわかっているBSRの分布から推定されるメタンの量は、炭素量に換算して、六〇〇〇～一万五〇〇〇Gt（Gtは一〇億トンを示す）程度と考えられている。この量は、約六五〇Gtである大気中の$CO_2$の炭素量の一〇倍以上にも達する。

堆積物中に存在する原油や石炭とは異なり、メタンハイドレートは、温度圧力条件にその状態が支配される比較的不安定な物質である。このことを考えると、ハイドレートの分解が場合によっては、大気のメタンや$CO_2$濃度にも大きな影響を与える可能性が高い。

仮に海底の底層水温度が上昇すると、それに伴い地下に存在するメタンハイドレートは暖められ溶解する。また、氷河期に海面が降下するような場合などでは、海底にかかる圧力が低下し、やはりメタンハイドレートは溶解する。

仮に地球が寒冷化すると、陸上氷床が成長して海水の量が減少し、海水面が下降する。今から一万八〇〇〇年前頃、現在よりも約一二〇mも海面が下がったことが知られており、この時にメタンハイドレートが溶解したことが最近わかってきた。その量がどの程度かはわかっていないが、その結果温室効果ガスであるメタンや、メタンが酸化して$CO_2$が発生するので、ハイドレートの溶解は、寒冷化した地球表層を暖める役割をした可能性が指摘されている。

この説が正しいとすると、部屋の空調をコントロールするサーモスタットのような役割をハイドレートは担っているのかもしれない。

一方、メタンハイドレートの溶解は、海底の斜面を不安定にする。地層中でガスが発生するために、ガスの圧力によって、ちょうどジャッキで車を持ち上げるように、地層が持ち上がり、巨大な海底地すべりが起こる可能性もある。

このようなことが起こると、メタンハイドレートの大崩壊とメタンガスの大量放出が起こり、地球は急激に温暖化する可能性がある。五〇〇〇万年前にそのようなことが起きた可能性のあることは、すでに第四章で述べた。

以上のような、メタンハイドレートと地球環境との関係については、まだまだ未解決なことが多い。メタンハイドレートの生成速度や溶解速度はどの程度なのか、どのように地層中に分布しているのか、また分布のパターンは何によって決まるのか。氷期－間氷期サイクルにおけるメタンハイドレートの挙動はどのようなものだったのか。

ＩＯＤＰでは、メタンハイドレートの掘削は重要課題である。また、深海底の残された地層の記録の解読によって、メタンハイドレートが地球システムに果たす役割が明らかにされるだろう。

## 5、ヒマラヤ、モンスーン、そして人類進化

世界の人口の約六〇％はアジア、それもアジアのデルタ地帯に集中して住んでいる。黄河、揚子江、メコン、ガンジス、インダスなどの大河川の作るデルタや平野は、いずれも海面からの高度が低く、懸念される地球温暖化による海面上昇の影響を大きく受ける。

そもそも、このアジアの風土はどのようにして作られ、またそこに住む人々はどこからやってきたのだろう。

アジアの風土は、特徴的な二つの気候要素が醸しだしている。それを作りだすのは、この地域にある二つの別々の熱源である。熱源の一つは西赤道太平洋からアジア縁辺域を南から北へと流れる暖流である黒潮であり、もう一つはアジア内陸部のヒマラヤ・チベット高原である。

前者の源となるのは西赤道太平洋に位置する西太平洋ウォーム・ウォーター・プールである。その平均海洋温度は二八℃と世界で最も高く、フィリピンとインドネシアの島弧に囲いこまれるように存在する。このウォーム・ウォーター・プールからアジア大陸の西縁に沿って流れ出す強い暖流が黒潮である。

西太平洋ウォーム・ウォーター・プールや黒潮の流路も、フィリピンやインドネシアの発達と密接に関連している。なぜなら、これらの島々がなければ西に流れる赤道暖流は西進しインド洋に達してしまい、現在のウォーム・ウォーター・プールのような高温度の海水のよどみはできなくなってしまうからである。

また、フィリピンや台湾を経て日本列島に至る流路を黒潮が流れることもない。日本列島や沖縄諸島等の大陸縁辺域では、黒潮の影響を最も強く受けている。事実、緯度が高いにもかかわらず、日本列島は冬でも暖かく、また、日本海へ抜けたその支流（対馬暖流）は大陸

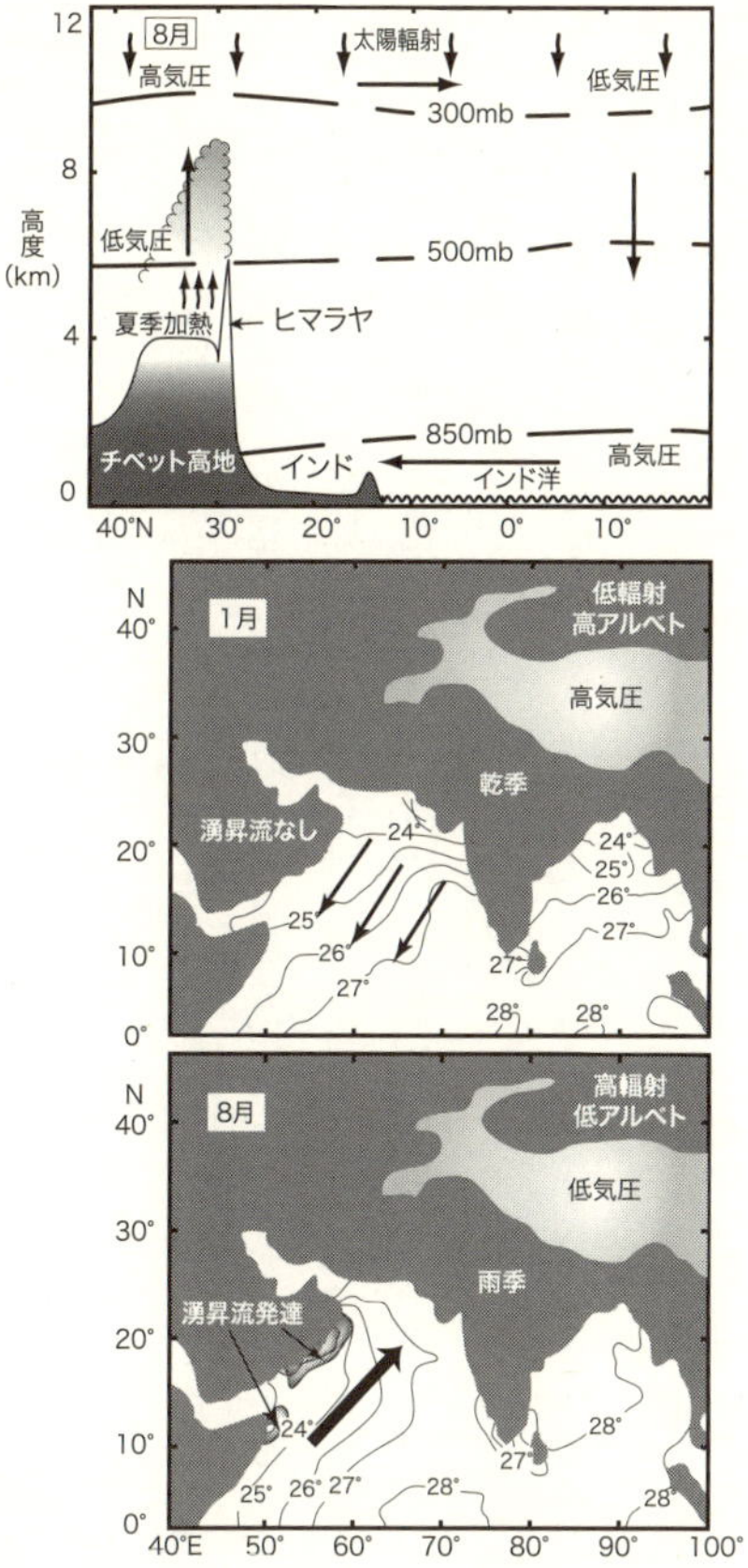


図6-7　インド洋モンスーンのメカニズム。最上図は断面図で、夏にチベット高原で上昇気流が作られることを示す。これによりインド洋から強い風が吹き込む。アラビア半島沖では、海水が深層から湧き上る湧昇流が起こる。冬は逆になる

からの冷たい季節風に水蒸気を供給し、日本海沿岸では豪雪を引き起こす。

一方、アジアの内陸をみてみると、世界の屋根と呼ばれるヒマラヤ山脈や、その北側には広大なチベット高原が位置する。

チベット高原は平均高度五〇〇〇m以上にもなる世界で最も高い高原であり、その大きさは東西三五〇〇km、南北一五〇〇kmにおよぶ（口絵四〜五ページ参照）。現在のヒマラヤ・チベット高原は、地球の屋根と呼ばれるように天空に向かって高くそびえ立っている。

地球儀に沿って、北半球の中緯度帯を眺めてみると、面白いことに、ヒマラヤ・チベット高原を境に、その西方は乾燥した気候帯からなることに気づく。乾燥気候で食物は育たず、稲作には適していない。

では、なぜほぼ同じ緯度にもかかわらず、日本では稲作を可能にするほどの十分な雨量が確保できるのだろうか。

ヒマラヤ山脈やチベット高原の隆起は、これにも重要な役割を果たしている。

夏のチベット高原を眺めてみよう。チベット高原を覆う草や木の生えない露地（岩石砂漠）やヒマラヤ山脈を覆う氷河は、この地に降り注ぐ太陽光をほとんど全反射する。そのため、夏に太陽光を強く浴びると、反射した赤外線によってヒマラヤ・チベット高原の上空の大気は熱せられ、強い上昇気流が生じる（図6－7）。この上昇気流に引っ張られるようにして、インド洋やアジア縁辺の海域からは湿った空気がヒマラヤに向かって流れこむ。インド洋から流れこんだ湿った空気は、ヒマラヤ山脈とぶつかり大地に雨を運ぶ。これがインドの「雨季」を作る。

ヒマラヤ山脈のふもとのアッサム地域では、このときの湿気が霧となり紅茶の原料となる質のよいお茶の葉が育つ。一方、アジア縁辺では「梅雨」（中国ではメイユ、日本ではバイウまたはツユと呼ばれる）が夏の始めにやってくる。

降った雨は、ヒマラヤ山脈を源流とするいくつかの巨大な河川を経て、やがて深海へと運ばれる。河川水と一緒に流れ出た泥や砂の粒子は、沿岸でデルタを形成し、その先では海底土石流となって二〇〇〇～三〇〇〇㎞も海底を流れ、インダス・ベンガル海底扇状地といった、世界最大の深海扇状地に堆積する。

二〇〇四年一二月に巨大地震の震源域となったスマトラ島沖の海溝（スンダ海溝）も、ベンガル海底扇状地起源の堆積物に覆われている。

ヒマラヤ・チベット高原が隆起し、モンスーン気候が顕著となったのが、いつからなのかはっきりしていない。気候変動モデルによると、チベット高原の高度が現在の六割にまで達するとアジア・モンスーンが現れはじめる。一方、深海掘削の結果から、モンスーンが顕著に発達した最も古い時期は約八五〇万年前と言われている。現在では詳しい研究が、さらに古い深海堆積物や中国大陸のレス（黄土）などを用いて進められており、チベット高原がいつから隆起し、モンスーンがいつ始まったのか詳しく知ることが可能となる。

一方、約四〇〇万年前に、人類の祖先と推定される類人猿（たとえばオーストラロピテクスの仲間）が、東アフリカで地上生活を始めたと言われている。東アフリカの気候もまた、チベット高原の隆起の影響を受けている。

気候モデルが明らかにするところでは、ヒマラヤ・チベット高原の上昇・隆起によって、東アフリカは乾燥が進んでしまい、この地域の環境を大きく変化させていった。

その結果、それまでの熱帯雨林での森林生活から、サバンナ化し草原となった地上生活へと、類人猿はその生活の場を変化させた。ここで「火」と出会う。さらに「言語」を獲得し、人類の祖先はアフリカを出て、アジアへと移住していった。これは**ホモ・エレクトス**の仲間であり、北京原人やジャワ原人と呼ばれている。

その頃には、アジアのデルタ地帯は大きく成長し、広い居住空間を提供した。約一五万年前、私たち現代人の直接の祖先、**ホモ・サピエンス**の仲間が、アフリカで誕生し、アジアを目指した。ホモ・サピエンスは数万年前には、広くアジアに定着し、そこから文明が栄えたのである。

このように山脈や高原の形成、西太平洋の島弧の形成・発達といったテクトニクス（構造運動）、気候変動、人類の進化、そして文明の発達は、実は密接に関連した出来事である可能性がある。

ＩＯＤＰにおいては、アジアやインド洋の堆積物を調べ、また、陸上のさまざまな記録と対応させ（たとえば湖の堆積物の記録など）、この一連の出来事について、その要因、結果、そして関連について調べようとしている。「私たちは何処《どこ》から来たのか、そして何処へ行くのか」、誰もが抱く疑問の解答を求めて。

# 第七章　地球の発見

# 七―1　シミュレーション――マントル到達の日

## 二〇一二年

知求好子氏は、気鋭の地球科学者であり、約一〇年にわたってマントルの物質、水、そして有機反応の研究を行ってきた。彼女は生命の起源に強い興味を抱いていたのである。ヘリコプターから洋上の「ちきゅう」がみえた時、もう何回も乗船しているとはいえ、今回は胸の高まりと緊張を隠しえなかった。

時は二〇一二年、統合国際深海掘削計画の一環として、運航を開始した「ちきゅう」は、すでに西太平洋、インド洋などで掘削を行い、プレート沈み込み境界での巨大地震発生のメカニズムや、ヒマラヤ・チベット高原の隆起とアジア・モンスーンの起源などについて、多大な成果を上げていた。

二〇〇三年に技術開発を開始してから一〇年、我が国技術陣が主導し、国際的な協力のもとに開発した、四〇〇〇m級の水深から七〇〇〇mの深度を目指す掘削システムが完成。それを搭載した「ちきゅう」が太平洋のマントル掘削候補地点に向けてすでに出港していた。

掘削候補地点の選定には、七年の歳月を使い、マントルトモグラフィーの結果も考慮した、全地球的な視点から検討がなされてきた。

まず、マントル掘削には、その上に存在する海洋地殻そのものを貫通しなければならない。すなわち、マントル掘削の最大の成果の一つは、海洋地殻をすべて掘り抜き、その性質を明らかにすることでもある。

マントルへの掘削地点は、海洋地殻が典型的な様式でできた場所が選ばれた。そのために、海底の地形探査はもとより、地震波を使って地球内部を透視する方法や、地磁気の測定により地殻の形成様式を調べる方法などが動員された。

掘削地点の水深は、約四〇〇〇ｍで、厚さ三〇〇ｍの堆積物が被覆している。地震波を使った探査では、海底から約六〇〇〇ｍの深さに、地震波が反射してくる境界の存在が認められていた。その境界は、岩石のなんらかの物理的な性質の違いがあることを示している。掘削前の探査では、その境界が、海洋地殻とマントルの境界、モホ面に相当すると考えられた。

「ちきゅう」は掘削地点に到達し、長さ三八ｍ単位の、連結した掘削パイプを次々とつないで海底まで下ろし、そこに新規に開発された超深海用ライザーユニットを設置した。

最初の三〇日間は、時に礫状の玄武岩の層に苦しめられながらも、掘削が続けられた。しかし、約一〇〇〇mの深さに到達したところで、最初の大きな困難が待ち受けていた。思いがけない断層帯に遭遇したのだ。そこでは岩石が破砕され、重泥水がどんどん吸い込まれていった。

掘削チームはこの緊急事態に迅速に対応し、セメントの使用が決定された。使うセメントの種類や固結する時間などが算出された。

約一〇日間におよぶ作業の末に循環が確保され、掘削が再開された。

九〇日後、孔は海底下二〇〇〇mに到達した。

この間、乗船研究者と掘削チームを含んだクルーは、一カ月ごとに交代し、機材や燃料、食料も支援船で運ばれてきた。

掘削深度二七〇〇mで岩石の種類が変化した。それまでの玄武岩の溶岩や岩脈（脈状に貫入してきたマグマが固まった岩石）と異なり、それより下は、結晶の粒の大きなハンレイ岩と呼ばれる岩石から構成されていた。

その後の掘削も困難を極めた。四〇〇〇mから先は、掘削の速度が急速に低下した。ドリルビットの消耗が激しく、すぐに刃がこぼれ落ち、使用不能となった。一日の掘削速度は一m以下となり、このままでは、モホ面への到達は不可能と思われた。

掘削は一時中止となり、陸上本部では、新しいドリルビットの開発と製作が不眠不休で行われた。また、その間に超深海用ライザーユニットが回収され、種々の修復と改良が施された。

二カ月後、三種類の試作されたドリルビットが持ち込まれた。その中の一つが有効であることがわかり、掘削が再開された。掘削速度も一日一〇mに回復した。重泥水の調合などにも改良が加えられ、また掘削チームも経験を積み、自信を回復していった。

掘削開始から一年後、岩石の種類が変化した。カンラン石や輝石といった、マグネシウムや鉄に富んだ岩石が回収された。

ついにマントルに到達したのである。

船上では、研究チームが歓声を上げ、掘削チームとがっちり握手が交わされた。

しかし、次の日から事態は急変した。

カンラン岩は水と反応してほとんど蛇紋岩化し、海洋地殻とカンラン岩の間には、厚い断層帯が発見された。今までの常識では、モホ面は単純な岩石の種類の境界と考えられていた。しかしここでは、岩石の変質や断層など、地殻とマントルの境界付近で活発な地質学的な現象が起こっていることがわかってきた。

そんななか、驚くべき発見が、知求氏のラボから伝えられた。断層帯のサンプルから、さまざまな有機物質と原始細胞と思われる物体が発見されたのだ。「ちきゅう」は歓喜にあふれた。マントルの蛇紋岩化作用で発生した$CO_2$や$H_2$、そして水と鉱物が化学進化を発展させ、原始生命体を作りだしていたらしい。

この原始生命は、この地球や私たちとどのような関係を持っているのだろうか。私たちの祖先と同じものなのだろうか。あるいは別の生物なのだろうか。このノーベル賞に匹敵する発見は、多くの疑問をもたらし、それに回答を与えるべく我が国の研究者を中心とする国際チームが活動を開始した。地球生命科学への新しい扉が開かれつつあった。

同時に我が国主導で開発した四〇〇〇mより深い海底から七〇〇〇mの掘削を可能とした

「海底超深度掘削システム」は、新技術として世界の称賛を浴びつつあった……。

## コラム7－1　海洋科学掘削における日米の違い

Millard F. Coffin（東京大学教授）

私が生まれ育った米国の海沿いの田舎町では、日本と同じように、人々の生活と海との関係はとても親密で、切り離すことができないものでした。潮の満《み》ち干《ひ》、海水の色調、いろいろな表情をみせる海、海洋に棲む豊富な種類の生物、潮の香《か》、さざ波の音、海中への興味……私は海に魅了されていきました。海洋への興味、好奇心から、私は海洋物理学を専攻とする研究者になる道を選び、ＯＤＰ掘削航海に三度乗船し、現在ではＩＯＤＰの掘削提案を審査する科学計画委員会（ＳＰＣ）の最初の議長（二〇〇三～二〇〇五年）に就任しています。

日米とヨーロッパ、中国やカナダの科学者が参加する国際プロジェクトであるIODPの会議を進行するにあたっては、より良い科学を育成・促進し、公平性と人間性を考慮するとともに、より効果的・効率的になるように心がけています。

たとえば、英語は現在科学・研究分野での共通語となっており、SPCも英語で行われますが、英語を母国語としない出席者にとっては大きなハンディキャップとなりますし、東洋と西洋の文化的な違いもあります。

海洋科学掘削の分野における日本と米国の大きな違いは、研究コミュニティーの経験と規模の大きさでしょう。米国は一九六八〜二〇〇三年において海洋掘削を推進するため世界的な取り組みをしてきましたし、この間に米国の研究コミュニティーとそれに対する財政的な支援は、飛躍的に増加してきました。

日本が米国とともにIODPを主導していくには、海洋科学に関する教育と、研究する人的資源を増やしていくよう財政的支援を増加させていけるかどうかにかかっていると思います。

また、日本人科学者は、海洋科学掘削に個人レベルで挑戦していくことが多いのですが、米国の科学者は国際的な海洋科学掘削を個人レベルで主導しているのではなく、組織的に推進しているとの認識を持つことも重要でしょう。

もう一つ重要な雇用制度的な違いがあります。

米国の科学者は、ＩＯＤＰのような大きな研究プロジェクトに、業務として専念することができる一方、日本の科学者はたいてい自分の所属機関と両立させて研究しなくてはならないのです。多くの日本の科学者は、所属機関から給料をすべて支給されていますが、大部分の米国の科学者は、少なくとも一部は外部の業務から収入を得ており、他の業務に専念しやすいのです。

これは、集団を重んじる東洋の「メンタリティー」と、個を重視する西洋の「インディビジュアリー」という、より深い文化的な違いのためかもしれません。

しかし、経験や文化、言語の違いにもかかわらず、日本と米国、そしてその他の国の科学者は、貪欲で情熱的な地球科学に対する好奇心・探究心を共有し、ＩＯＤＰでは、彼らの団結が強固なものになりつつあります。

ＩＯＤＰは、地球の歴史、地球内部の運動や環境変動のメカニズムの理解を大きく前進させる成果を残し、地震や津波、火山噴火などの自然災害の減少に寄与することができるでしょう。

ＩＯＤＰは科学主導のエキサイティングな最先端の研究プロジェクトです。若い地球科学・生命科学分野の研究者にとって、ＩＯＤＰに参加するほど魅力的で刺激的なことはほかにはないでしょう。これまで到達できなかった地球深部まで掘削し、今まで採取できなかった地域のサンプルを得られるのです。学生やキャリアが浅い研究者にとって、絶好の機会に満ち溢れています。すばらしい発見がすぐ先にみえているのです。

……北海道大学のクラーク（William S. Clark）博士は、二世紀前にこう言い残しました。〝大志を抱け！　Be ambitious!〟

## コラム７－２　掘削提案を評価する

沖野郷子（東京大学助教授）

私は修士課程で地震学を専攻していましたが、研究テーマは地震波を使って地球深部の構造を調べることだったので、海とはあまり関係ありませんでした。その後、海上保安庁水路部（現海洋情報部）に就職してから調査船に乗りはじめました。最初は船酔いで辛かったですね。周りは叩き上げの船乗りばかりで鍛えられましたよ。船酔いで死んだやつはいないから大したことないよ、って（笑）。

就職後数年してから部内に研究室ができ、そこに配属されました。ルーチンの調査だけではなく、研究もしたいと思っていましたから、ラッキーでした。

研究室では、フィリピン海の形成過程を研究テーマにして、学位を取りました。そこから海洋科学の研究の道に入っていきましたので、この頃が転機だったと思います。その後は、研究者として研究船や「しんかい六五〇〇」などの潜水船に数多く乗船しました。

今は、東大海洋研で学生諸君とともに研究しつつ、ＩＯＤＰの掘削提案の評価を行う科学アドバイス組織（ＳＡＳ）の中で、事前調査パネル（Site Survey Panel）の共同議長をやっています。

各国の研究者から提出された掘削提案には、達成したい科学目標が述べられ、それには掘削という手段が必要であって、ここの地点を掘れば達成できるんだ、ということが書かれています。

このパネルの役割は、事前の調査がなされ、裏づけとなるデータが十分か、といった検討をすることです。もし足りないようであれば、もっと事前調査が必要で、こういったデータを示してください、と提案者にアドバイスします。パネルのメンバーは一九人いますが、会議中は共同議長として司会進行役をしています。

議論はもちろん英語で行います。語学的な問題はありますが、雰囲気も良いですし、各自熱意がありますので、データを前にして議論が弾んでいます。

パネルの活動は掘削計画の運営の一部ではありますが、データを実際にみていくことが任務なので、他のパネルに比べると研究的な色彩が強いのではないかと思います。

実は、私自身は掘削サンプルを採ったり孔内計測をして分析・解析をしたことはなく、掘削科学にはダイレクトに関わってはいません。でも、ODPの成果からプレートテクトニクスを検証したように、掘削してこそわかることはすごく多いし、地球科学を発展させる可能性はこれから非常に大きいでしょう。IODPは日本が主導する、今までにない巨大プロジェクトですし、日本の地球科学者が積極的に関わっていくべきだと思います。

直接掘削サンプルや計測に携わらなくても、ＩＯＤＰから得るものがあり、そしてＩＯＤＰに貢献できることがあります。幅広い研究者を巻き込んで母集団を広げていくことが重要だと思います。とくに私と同世代の研究者とは、一緒に盛り上げていきたいですね。

## コラム７－３　米国は宇宙、日本は地球――リーダーシップをいかにとるか

毛利衛（日本科学未来館館長）

統合国際深海掘削計画（ＩＯＤＰ）という計画を初めて聞いたとき、「海の底を掘るなんてまったく意味のない、お金の無駄遣いをするなぁ」というのが第一印象でした。それでも、当館で深海掘削に関する展示を開始することになり、「ちきゅう」やＩＯＤＰについて調べてみました。

すると、驚くほど多くの分野の研究者が関わっており、期待される科学成果も大きいことを知ったんです。さらには宇宙科学と同じように大規模な国際プロジェクトでありながら、日本がこのプロジェクトを主導しようとしていることがわかってきました。

宇宙の分野では、米国に完全に主導権を握られており、日本の出る幕は少ないというのが実情です。さらには、「宇宙」というまったくの未知への挑戦は、個人での参加はあるかもしれませんが、日本という国家・国民性としては怖気《おじけ》づいてしまうところがありますね。

宇宙のプロジェクトでたとえれば、事故があったとき、米国はそれを乗り越えてプロジェクトを推し進めていきました。日本でそのようなことがあれば、そのプロジェクトは終わってしまう可能性があります。

その点、海では違います。海に囲まれて育っている日本人は、海への憧れも、海の怖さも十分わかっています。つまり、海のプロジェクトでは、我が国は困難に直面しても、きっと乗り越えていけるのではないかと感じました。

しかし、日本にありがちな、「お金だけ提供して主導権は他国に握られてしまう」ということにならないよう最大限の努力をしないといけません。日本には、ＩＯＤＰのような大規模で国際的なプロジェクトのリーダーシップをとり、推し進めていくようなシステムが今のところなく、海洋科学における日本の存在が、宇宙科学における米国のようになっていけるのか、非常に危惧しています。

米国、とくにＮＡＳＡが大きな顔をしていられるのは、スペースシャトルを持っているがためですが、日本は近い将来「ちきゅう」という世界一の掘削船を持つこととなり、今後の海の分野では十分に大きな顔をできるようになるはずです。

日本が主導するこの壮大な計画を成功させるためには、国際プロジェクトのマネージメントができる人材の育成に、国をあげて戦略的に取り組むことが必須でしょうね。

ＩＯＤＰというのは、海洋に関しては日本がトップであるということを、世界中の国々に示す絶好の機会だと思います。そのシンボルが「ちきゅう」であり、「ちきゅう」で得られた科学成果をひっさげて「米国は宇宙、日本は地球」というイメージを全世界にアピールできればよいのではないでしょうか。

これから研究の世界に入っていく大学生や高校生は、宇宙に限らず、地球の中にもまだよくわからない不思議な研究テーマがたくさんあり、それを解明することはすごく面白いということに気づいてほしい。また、自分の興味を追うだけではなく、日本人として世界を引っ張っていけるような人材に自らがなるという意気込みをぜひとも持ってほしいですね。

このIODPが、名実ともに日本が世界をリードしていけるようなプロジェクトになることを期待しています。

## 七－2　未来予測

**「ちきゅう」は何をもたらすか**

統合国際深海掘削計画は、地球生命科学における多くの仮説を検証し、またさまざまな新しい発見をするだろう。その結果が私たちの未来に何をもたらすのか予見することは簡単ではないが、ここで大胆な予測を行ってみよう。

### 1、巨大地震発生メカニズムの解明

南海トラフなどの掘削と長期観測ステーションの成果によって、プレート境界巨大地震の発生メカニズム（季節性の謎も含めて）についての理解が格段と進歩し、近々発生が予想される関東・東海、南海地震の予測、さらには災害回避に役立つリアルタイム通知に貢献する。

**2、メタンハイドレート生成メカニズムの解明**

南海トラフや世界各地の掘削によって、メタンハイドレートの生成分解速度などを明らかにし、とくに地球環境問題との関連について解明する。さらに天然ガス資源としての有用性の評価や、地殻内 $CO_2$ 処分技術の開発にも貢献する。

**3、地下微生物圏の実態とその利用**

地下微生物圏の実態、生態など地球システムとの関連を明らかにする。さらに生物学的観点からの研究を行い、生命の起源と進化について貢献する。地下微生物を用いたバイオロジー技術を駆使し、新しい酵素や薬品開発、メタン・石油生産など、次世代型産業の創成を目指す。

4、海洋地殻とマントルの掘削

地球表層で最も大きな面積を占める海洋地殻とその下のマントルを掘削し、地球の物質循環についての基本的な理解を進める。これによってプレートテクトニクス、プルームテクトニクス、マントル対流、大陸成長などの理解が格段に進歩する。

5、気候予測モデルの精緻《せいち》化とその検証

過去の環境変動について、その実態、要因を明らかにする。とくに、氷河時代、氷期―間氷期サイクル、白亜紀の温暖世界などの全体像を明らかにして、数値実験、たとえば地球シミュレータを使った気候変動モデルの立証に貢献する。

6、地球システム変動に関する基本理解

地球の内部プロセスから気候変動、生態系の変動まで、一環したつながりを解明しようとする新しい地球観〝統一地球システム変動論〟を体系化し、定量化を行ってゆく。二〇二〇年には、その基本的な体系化を終了し、同時に持続型文明社会の設計図を描くことに貢献する。

## 7、地下利用に関するさまざまな方法の確立

地球深部掘削はさまざまな地球技術を生みだす。とくに地下の特性を観測し、長期にこれをモニターする技術は、廃棄物処理や地下空間利用に大きく役立つ。

今後、「ちきゅう」を立派に運用し、科学成果を上げてゆくには、多くの困難が待ち受けている。しかし、私たちは、困難を克服し、計画の着実な実行に向けて努力しなければならない。この計画が、人々の知的好奇心を刺激し、我が国の社会の活性化に大きく寄与するのみならず、人類の未来開拓に貢献できる仕事として、かならずや世界の尊敬を得ると確信するからである。

そして、それを可能とするのは、これからの若い世代である。「ちきゅう」は一〇年、そして二〇年と続くプロジェクトであり、その行方は、若者の手にゆだねられている。

# 巻末用語集

【第一章】

**大陸移動説**　大陸地殻は、時代とともに相互に位置を変えながら分裂し、その結果、現在の位置に至ったという説。一九一二年にアルフレッド・ウェゲナーが唱え、その後の海洋底拡大説やプレートテクトニクスの出現によって支持されている。ただし、ウェゲナーの説は、一つの超大陸から各大陸の分裂を提案しているが、大陸の衝突ということは提案していない。大陸移動説の萌芽は、イギリスの哲学者フランシス・ベーコン（一五六一〜一六二六）に遡るという指摘もある。

**大西洋中央海嶺**　大西洋のほぼ中央部を、アイスランドから南緯五五度のブーベ島付近まで南北にS字形に連なる中央海嶺。頂上部で水深は約三〇〇〇m、中軸谷の深さは約二〇〇〇m、中軸谷の幅は一三〜一五kmに達する。平均的な海洋底平坦面水深（約四〇〇〇m）からは、幅一〇〇〇km以上で高まりとなっているので、実際には長大な高原のような形状である。

**反射法地震波探査**　人工的に地震を発生させて地下の構造を探査する方法。地下のさまざまな構造から反射してきた地震波を解析して断面図を作成する。地質調査の重要な手段となっている。

**海洋底拡大説**　海洋底同士が互いに離れてゆく中央海嶺で、その空隙を埋めるようにマグマが上昇してきて新たな海洋地殻が生成され、海洋底が拡大してゆくという説。一九六〇年代にハリー・ヘスやロバート・ディーツによって提唱された。グローマー・チャレンジャー号の航海で、海洋底の年代を決定することにより証明された。

**サンゴ礁沈降形成説**　サンゴ礁の地形は、裾礁（海岸線に沿って形成されたもの）、堡礁（陸地とサンゴ礁の間が海で隔てられているもの）、環礁（真ん中に陸地が無くなってしまったもの）に大きく分類されるが、これらは火山島の沈降によって形成されるという説。一八四〇年代にチャールズ・ダーウィンによって提唱された。完全に水没したものは平頂海山（ギヨー）と呼ばれる。太平洋にはこのようなサンゴ礁や平頂海山が数多く点在するが、その多くは白亜紀に形成された。
http://members.jcom.home.ne.jp/natrom/drillin-gatoll.html

**大陸地殻**　主に花崗岩質の岩石から構成され、厚さは平均約四〇kmだが、地域的な変化が大きい。最も古い岩石は大陸からみつかり、約三八億年前を示す。大陸地殻は長い年月をかけて徐々に形成されてきたと考えられる。

**海洋地殻**　主に玄武岩質の岩石から構成され、厚さは約六km。中央海嶺において生成され、大陸地殻より密度が大きいため、プレート収束境界においてマントルへと沈み込むので、海洋地殻の年代は最も古くて約一億八〇〇〇万年前（ジュラ紀）のものしか残されていない。

**重力**　地球が地上の物体を引っ張る力。その物体と全地球との間に働く万有引力と、地球の自転で生ずる遠心力との合力。地球の標準的な形を想定した場合の重力値からの、局地的な実測重力値のずれを重力異常という。重力異常の広域的な分布を知ることによって、地下の構造を推定できる。

**モホロビチッチ不連続面（モホ面）**　地震学者モホロビチッチによって発見された。彼はユーゴスラビアにおいて地中深さ約五四kmで地震波の伝播速度が速くなることを発見し、これを地殻とマントルの境界面と考えた。

**モホール計画**　大陸地殻（三〇～六〇km程度）に比べて薄い海洋地殻（平均五～六km程度）をモホ面まで掘り抜き、その下のマントル物質を採取するという海洋深部掘削計画。一九五九年に発表されたが、資金不足等により一九六六年八月、アメリカ議会が正式に停止命令を出し中止になった。モホールはノーホールなどと揶揄《やゆ》されたこともあったが、その冒険的スピリットは高く評価できる。
http://homepage2.nifty.com/abenatsu/jop/mohole.htm

**地殻**　地球を構成する大きな成層構造のうち、いちばん外側の層。モホロビチッチ不連続面より上の層を指す。主に花崗岩質からなる大陸地殻と、玄武岩質からなる海洋地殻からなる。地球型惑星（水星、金星、地球、火星）および月のうち、花崗岩質地殻は地球だけにあると考えられている。

**マントル**　地殻の下にある深さ約二九〇〇kmまでの固体層。地球の全体積の八三%を占める。地震波の速度構造に基づき、かんらん岩を主とする深さ約四〇〇kmまでの上部マントル、六七〇kmまでの遷移《せんい》層、マグネシウムと鉄の酸化物（ペロブスカイトと呼ばれる鉱物）を含む下部マントルに分類される。

**核（コア）**　地球内部の約二九〇〇km以深の中心部分。硫黄やニッケルを少量含む融解した鉄からなる深さ約五一〇〇kmまでの外核と、鉄を主成分とした固体である内核からなる。

**国際深海掘削計画（IPOD＝International Phase of Ocean Drilling）**　米国が独自に実施していた深海掘削計画（DSDP＝Deep Sea Drilling Project）に、日本、フランス、西ドイツ、イギリス、ソ連が参加して一九七五年に開始された国際科学計画。DSDPと同様にグローマー・チャレンジャー号を用いて一九八三年まで実施された。

**ホットスポット**　マントル深部に固定した高温の熱源があり、そこから上昇する高温のマグマによって、その真上に火山活動が起こる地点。天皇海山列からハワイ諸島は、同一のホットスポットにおいて形成された後、プレート運動によって移動したと考えられている。ホットスポットを造るようなマントルの上昇流をマントルプルームと呼ぶ。

**残留磁気**　鉄などの強磁性体を含む試料を磁場中に置いた後、その磁場を取り去っても試料に残る磁気。試料が岩石の場合、これを岩石残留磁気と呼ぶ。溶岩が冷えて固まるときにその中に含まれる磁性鉱物が地球磁場の方向を記録する熱残留磁気や、砕屑粒子中の磁性鉱物が堆積時に地球磁場の方向に配列する堆積残留磁気がある。

**地球磁場の逆転**　地球磁場は一定不変ではなく、さまざまな時間スケールで変動しているが、地球磁場の極性（N極とS極）が逆になることを指す。そのメカニズムはまだ解明されていないが、外核の流体運動が地球磁場を生成している核に影響を与えていると考えられる。地球磁場が逆転するには数千年の時間がかかると言われており、その間に磁場の強さが著しく低下する例も知られている。その場合、地表の生物に対する宇宙線などの影響が大きくなる可能性が指摘され、場合によっては遺伝子に損傷を起こし、生態系や進化への影響が考えられる。

http://swdcft49.kugi.kyoto-u.ac.jp/sgeweb/kyoiku/I-01/Geomag/geomag2.html

**海底の地磁気縞模様**　海嶺において生成された新しい海洋地殻が冷えて固まるとき、その時その場所の地球磁場方向が記録されるが、地球磁場は逆転を繰り返しているので、海洋底拡大によって次々に記録されてゆく地磁気は、海嶺軸を中心として左右対称の縞模様になる。縞模様のパターンから海洋地殻の年齢が推定できる。

**プレート**　リソスフェアの水平的な広がりを地球表面でみると、海嶺や海溝、横ずれ断層などによって囲まれているが、その一つの区域のことをプレートと呼ぶ。巨視的にみれば硬く変形しない剛体であり、太平洋プレートやユーラシアプレートなど合計十数枚のプレートが知られている。

**リソスフェア(Lithosphere)**　温度や岩石の性質からみて、その下のマントルより硬い岩石から構成されている、地殻からマントル最上部にかけての厚さ数十〜百数十㎞の部分。

**アセノスフェア(Asthenosphere)**　リソスフェアの下位にあって相対的に流動性に富んだ厚さ一〇〇〜一五〇㎞のマントルの層。地震波の伝播速度が減少することから、その一部が融解していると考えられ、粘性や密度はリソスフェアより低い。

**プレートテクトニクス(Plate Tectonics)**　地球の表層部はいくつかの硬い板（プレート）に分かれているが、それらがほとんど変形することなしに相互に水平運動することによって、地球表層部の活動（地殻変動、地震、火山活動など）を説明する理論。理論的体系は、球面上の剛体の運動幾何学によって記述できる。海洋底拡大説を基礎として発展してきたが、プレート運動の原動力については、まだ未知の部分がある。

【第二章】

**海溝―島弧―背弧海盆系**　西太平洋にみられる深い溝状の海底地形、すなわち海溝と、日本列島のような弧状火山列島（島弧）、日本海のような背弧海盆とがセットになって発達している地形のこと。プレートの沈み込みによって生じた一連の地学現象によって形成されたと考えられるが、このうち背弧海盆の成因はよくわかっていない。

**和達―ベニオフ面**　海溝から大陸側に向かって傾斜する、深さ数百㎞におよぶ地震の空間分布を示す薄い面。この地震面の形や傾斜角は地域性があり、千島・日本列島では低角なのに対し、マリアナ諸島ではほぼ鉛直に近い。この面は、沈み込んだプレートの上面や内部での地震活動を表している。数百㎞の深さでは、大きな圧力のために岩石を破壊すること（すなわち地震を起こすこと）は困難である。しかるになぜ地震が起こるのか十分にはわかっていない。

**直下型地震**　震源断層が地表近傍まで達している、陸域での地殻内地震のこと。震央付近の都市に局地的に大きな被害を与える、比較的浅い地震に対して用いる名称で、厳密な学術用語ではない。直下型地震は、M六クラスでも大きな被害をもたらすことがある。

**海溝型地震**　海溝沿いで、海洋プレートと大陸プレート間のずれによって生じる地震。海溝の陸側が震源域となる。その多くは、海側が陸側の下に潜り込むような低角の逆断層が原因であり、世界の巨大地震の多くはこの型である。しばしば大きな津波を伴う。二〇〇四年一二月二六日のスマトラ沖地震はこの例であり、日本海溝や南海トラフの地震もこのタイプである。

**付加体(Accretionary Prism)**　海溝やトラフにおいて海洋プレートが沈み込むときに、海洋底にたまっていた堆積物がはぎ取られて陸側に押し付けられ、陸側斜面の先端部に付け加えられた堆積体。多くの逆断層で積み重なった楔《くさび》状の断面を持つ。日本列島の土台の地層は、その多くがジュラ紀から第三紀にかけて形成された付加体である。

**枕状溶岩(Pillow Lava)**　溶岩が海底で噴出し、急冷して楕円形の枕のような形状になって積み重なったもの。玄武岩質などの粘性の小さな溶岩流に多くみられる。

**チャート(Chert)**　硬く緻密な珪質堆積岩の総称。主に、放散虫や珪藻などの微化石堆積物が固結して生成される。

**南海トラフ(Nankai Trough)**　紀伊半島南東沖合いから四国西端の南方にかけて発達し、水深約五〇〇〇mに達する細長い凹地。フィリピン海プレートの日本列島への沈み込み帯である。深海や陸側の斜面にたまった堆積物が、ベルトコンベアで運ばれるように陸側に押し付けられ、付加体が発達している。大規模な海溝型地震の震源地帯として注目されている。

**タービダイト(Turbidite)**　洪水や暴風、地震、津波などによって水中で発生した乱泥流により運搬された堆積物。乱泥流は、泥や砂などが懸濁した周囲より重い流体の流れを指す。密度の高いものは水中土石流とも呼ばれる。一般的に、砂などの粗い砕屑物が浅い海から深海底に大量に運搬され、流れの減速に伴って沈積し、特徴的な構造を持つ。

**プレート沈み込み侵食**　プレート沈み込み帯において、海溝の陸側を構成する大陸や島弧が削られる現象。プレート沈み込み帯は、南海トラフのように付加体を形成する沈み込み帯と、日本海溝や伊豆―小笠原海溝のように侵食が起こる沈み込み帯とがあると考えられている。プレート沈み込み浸食では陸側プレートは沈降するが、付加体形成では隆起する。

**日本海東縁変動帯** 新潟から秋田沖、奥尻島までの幅数十kmにわたる地震活動が活発な一帯。M七クラスの地震の発生が認められ、震源地周辺には第四紀の活断層や褶曲構造が存在している。アムールプレート（日本海を含む）とオホーツクプレート（北海道、東北日本。北米プレートとする考えもある）の衝突が原因と考えられ、その西方延長は、信越から福井、近畿、さらに四国（中央構造線）へ延びるとも推定されている。

**奥尻海嶺** 日本海盆の東縁にやや斜行して、南北約五〇〇kmにわたって発達する海嶺。第四紀から活動している逆断層によって盛り上がった高まりである。奥尻海嶺に沿って、一九四〇年に積丹半島沖地震（M七・五）、一九八三年に日本海中部地震（M七・七）、一九九三年に北海道南西沖地震（M七・八）が発生している。

**古地磁気学** 堆積した地層に残留磁化として記録される、過去の地磁気変動を調べる学問分野。過去の地磁気変動だけでなく、地層の年代推定、過去の海洋環境や気候変動の推定に用いる地質調査の基本的技術の一つ。過去の地磁気変動では、「地磁気逆転」（磁石が南を指す）が知られており、最近起きたのは今から七八万年前で、平均的には二〇万年に一回くらいの割合で起きるとされる。この分野では、我が国には松山基範、永田武などの世界的先駆者がいる。

【第三章】

**遠洋性堆積物** 珪質（$SiO_2$）の殻を持つ珪藻や放散虫遺骸からなる珪質軟泥、炭酸塩（$CaCO_3$）の殻を持つココリスや有孔虫遺骸からなる石灰質軟泥など、海洋起源の生物遺骸が多くを占める堆積物。海水の酸化・還元状態によって、鉄やマンガン鉱物が沈殿することがある。

**大陸氷床**　$10^6$㎢より大きく、厚い氷床で大地が覆われた地域のこと。現在はグリーンランド氷床、南極大陸氷床が存在する。氷床の大きさは、そこに溜まる雪の量と、氷河として流出する氷の量のバランスで決まる。約二万年前の氷河時代のピーク時には、北米・ヨーロッパが広く大陸氷床に覆われた。

**ピストンコアラー**　海底の試料を採取する海底地質調査用サンプラーの一つ。直接的な地質の確認、採取試料による各種測定等を実施することにより、海底の詳細な情報を把握できる。海中をワイヤーで吊られて降下し、先端が海底面の上方約一〇mほどの深度に到達すると、サンプラーを保持していたトリガーアームが外れて自由落下し、海底地盤に貫入、サンプルチューブ内に試料が採取される。

**柱状試料(コア)**　ピストンコアラーやマルチプルコアラーという装置を使って採取、あるいは掘削された柱状の地層の記録。柱状試料（コア）は、全地球規模における過去の地球環境変動（海水面変動、地磁気の変化、海流系の変動、水温変化など）を記録し、過去から現在に至る解析を詳細に行うことができる。

**有孔虫**　原生動物門肉質虫網根足虫亜網の一目。石灰質などの殻を持つ。殻は普通多くの室に分かれ、各室は小孔で通じている。海生で、海底に棲む底生有孔虫類が多いが、ジュラ紀後期出現の外洋表層水に棲む浮遊性有孔虫類も繁栄。それぞれ海底環境と表層水環境を復元する手段として、また後者では年代判定のため重要視されている。一般に殻径は数㎜以下だが、一〇㎝以上になる種類もある。現生種は約四〇〇〇種。

**元素の同位体**　同じ原子番号を持つ元素の原子において、原子核の中性子数（原子の質量数）が異なるもの。同位体同士の化学的性質は非常に似通っている。水素と重水素と三重水素、ウラン23

5とウラン238等。

**酸素同位体比**　酸素の安定同位体$^{16}$O・$^{17}$O・$^{18}$Oの存在比。一般に$^{16}$O＝九九・七六％、$^{17}$O＝〇・〇四％、$^{18}$O＝〇・二〇％で存在。地球科学分野では、柱状試料中の有孔虫の殻に含まれる$^{16}$O／$^{18}$Oの同位体比を連続的に測定して温度変化を解析し、温暖期・寒冷期を区分するために用いる。

**ミランコビッチサイクル**　ユーゴスラビアの天文学者、ミランコビッチ（一八七九〜一九五八）によって計算された、地球の受ける太陽放射受光量の周期。地球軌道要素のうち、地軸の傾き、公転軌道の離心率、歳差運動の三つの周期的変化を基に、緯度ごとの太陽放射量を六〇万年前まで遡って計算した。主に一〇万年、四万年、二万年の周期が存在し、気候の変動サイクルと一致することがわかった。

**氷期—間氷期サイクル**　間氷期から氷期、そして間氷期へという、氷期・間氷期の繰り返し周期。サイクルは少なくとも約二〇〇万年前から始まり、約一〇〇万年前からは、約一〇万年周期であることが明らかとなっている。最後の氷期は約二万年前にピークを迎え、それ以降、地球の気候は温暖化し、現在は間氷期。このサイクルはミランコビッチサイクルとよく一致するが、氷床の形成から衰退のメカニズムはよくわかっておらず、またそれに伴う大気の$CO_2$濃度変化など、環境変動の原因もよくわかっていない。

**氷床掘削**　氷の層から過去数十万年にわたる気候変動史の分析をするために、グリーンランド中央部や南極の氷床で行う掘削。海底の柱状試料のデータなどもあわせ、過去数十万年の大気組成や同位体の変動と気温との関係が明らかになりつつある。我が国では国立極地研究所がふじドームから二〇〇〇m以上の掘削を行っている。
http://www-dome.pmg.nipr.ac.jp

**温室効果**　温室のガラスは、太陽光線を通過させるが、温室から外へ逃げようとする熱を遮る。同様に、大気が、太陽からの光線を通過させると同時に、宇宙へ逃げようとする熱（赤外線）をとらえて、地球を暖める働き。温室効果をもたらすもの（温室のガラスの役目）は、二酸化炭素、水蒸気、メタン、オゾン、フロンなど。

**黒色有機質泥岩**　海洋の有機物生産が異常に多い、もしくは海洋の鉛直循環が停滞し、貧（無）酸素状態の場合に堆積する有機物に富んだ泥岩。有機炭素量は一〇％（通常二％以下）を超すものがある。石油の源岩となる。白亜紀のある時期に世界中で広く堆積した。

**オントンジャワ海台**　海台とは、水深が一〇〇〇m程度の海洋にある台地のことで、オントンジャワ海台は差し渡しが最大二〇〇〇km、面積は日本の五倍に匹敵する、地球表層でみられる最大の火山体。地殻の厚さは三五～四〇kmに達する。海洋底で多量の火成岩（主に玄武岩質岩石）が貫入・噴出して、大きな台地地形を造ったと考えられる。

**石油の源岩**　一般に有機物に富んだ堆積岩で、そこで石油が生成される。石油は軽いので移動し、空隙の多い岩石に集積（これを貯留岩と呼ぶ）し、そこから採掘される。↓黒色有機質泥岩

**地質時代の区分**　地質学の始まりの時代（一九世紀）に、ヨーロッパの地層と化石の研究から、地層中の特徴的な化石の種類によって地層を区分し、それらの地層の堆積した時代を地質時代の名称とした。大きな区分は「～代」、それらはそれぞれ「～紀」「～世」に細かく区分される。「古生代」「中生代」「新生代」は、それぞれ「古い生物の時代」「中くらい昔の生物の時代」「新しい生物の時代」という意味。現在は、新生代第四紀完新世。

**チョーク層(Chalk)**　有孔虫ナンノ軟泥が固結したチョークからなる層序。北米、ヨーロッパ、ロシア、南アジア、西部オーストラリアと、その分布地域は限られている。白亜紀に限って大量に生成された$CaCO_3$の純度の高い特殊な石灰泥岩層として、地球環境、生物の集団絶滅や、大陸移動、

プレートテクトニクスとの関連で注目される。ドーバー海峡の白い崖は、ジュラ紀から白亜紀のチョーク層からなる。

**イリジウム(Ir)**　白金族元素の一つ。元素記号Ir、原子番号七七。原子量一九二・二。銀白色の金属で、耐酸性に富み、溶けにくく、硬度が高く、膨張率が小さい。白金と合金にして万年筆のペン先、理化学器械の製作、触媒などに用いる。地殻に含まれるのは微量だが、隕石や宇宙塵に多く含まれる。粘土層に含まれたイリジウムの量が、白亜紀－第三紀境界隕石衝突事件の有力な証拠となった。

**クレーター(Crateor)**　惑星や衛星の表面の、円形にくぼんだ地形。火山活動の跡や隕石孔とされる。アリゾナ州のメテオクレーターは、有名な観光地となっている。

【第四章】

**光合成(Photosynthesis)**　生物、主に葉緑素を持つ植物が、光のエネルギーを用いて、吸収した二酸化炭素と水分とから有機化合物を合成すること。炭酸同化作用の一形式。

**バイオスフェアⅡ計画(Biosphere Ⅱ Project)**　地球温暖化など環境問題の対策や、将来宇宙空間や他の惑星で生活することを目的として、各種動植物と人間が、大気や生態系などを人工的に再現し、外界から完全に隔絶されたガラス張りの巨大ドームの中で暮らす研究計画。バイオスフェアⅡは、いわばミニ地球で、太陽系でただ一つの生物圏である地球をバイオスフェアⅠと位置づけ、そのミニ版ということでバイオスフェアⅡと名付けられた。男女八人が、一九九一年から二年間の滞在実験を行った。

**地球システム科学**　地球を、大気や海洋などさまざまなサブシステムから構成された一つの巨大なシステムとしてとらえ、地球というシステム全体の振る舞いを理解しようとする学問。

**マントルトモグラフィー(Mantle Tomography)**

マントル内の地震波透過速度の不均質性を調べることによって、マントルの内部構造を描きだす手法。地球内部の水平方向の不均質は地表付近が最も大きく、マントル深部に入るにつれ小さくなり、マントルの底でまた大きくなる。これは、マントルが底で核に暖められ、地表で熱を放出することによって対流運動を起こすことによる。

**プルームテクトニクス(Plume Tectonics)** 地球内部のマントルの大規模な対流が、地表でみられる大規模地殻変動の原因と考える学問分野。マントルの大規模な対流は、上昇するホットプルーム、下降するコールドプルームによって熱伝導がまかなわれる。ホットスポットは、マントル深部から上昇するプルームが、火山活動によって地表で確認されたものといえる。

**グローバル・ポジショニング・システム(GPS＝Global Positioning System)** 測位観測網 地球低軌道に打ち上げた複数の人工衛星から発信される電波を受信して、現在位置からの経緯度や高度を測定するシステム。全地球測位システムとも呼ぶ。米軍が軍事目的で開発・運用しているが、民間にも開放されている。小型のアンテナと小さな処理装置があれば、数m～数十mの精度で現在位置を特定できる。自動車用カーナビゲーションの測位システムに用いられるほか、航空機・船舶の位置確認、測量、地殻変動の観測などに使われている。

**メタンハイドレート(Methane Hydrate)** メタンガス分子と水分子からなる氷状の固体物質であり、永久凍土層の下や、深度約五〇〇m以深の深海地層中に存在する。メタンハイドレートから分離されるメタンガスを新エネルギー資源として利用する可能性やその手法、メタンハイドレートが地球におよぼす影響を探る研究がされている。日本周辺でもオホーツク沖、十勝・日高沖、南海トラフ、四国沖などに分布していると推定されている。

**疑似海底反射面(BSR＝Bottom Simulating**

**Reflector）** 海底下にメタンハイドレートが存在するとき、音波照射により海底面に沿って強い反射面が現れる。その反射面のことを指す。

**【第五章】**

**掘削プラットフォーム** 石油や天然ガスを探したり、採取したりするために地球に穴を開ける装置（掘削リグ）を支えるための浮上式、または固定式の土台。

http://www.glossary.oilfield.slb.com/
http://oilresearch.jogmec.go.jp/glossary/japanese/ku.html#10549

**統合国際深海掘削計画（IODP＝Integrated Ocean Drilling Program）** 日米主導の新しい国際深海科学掘削計画。国際協力のもと、日本のライザー掘削船「ちきゅう」と米国のノンライザー掘削船、および欧州諸国の提供する特殊任務掘削船の、少なくとも三種類の掘削船を中心に運用し、新しい地球科学・生命科学のために、海洋科学掘削を行う。二〇〇三年一〇月一日より開始。

**自動船位保持装置（DPS＝Dynamic Positioning System）** 掘削を行う際に、掘削孔直上に船の位置を維持する装置。DPSは、衛星からGPSデータを受信し、潮流、風、波の影響を自動的に修正するように、船体下にあるスラスターをたくみに稼働させて、船の位置を定点に保つ。

**ドリルビット** ドリルパイプの先端に取り付けられる「刃」。ドリルビットが回転し、地層を粉砕しながら穴を掘る。

http://www.glossary.oilfield.slb.com/DisplayImage.cfm?ID=296

**ライザー掘削システム（Riser Drilling System）** 海底と船をライザー管でつなぎ、船から孔内に泥水を注入し、循環させて掘削する方式。海底の掘削では、流体やガスが地層から突発的に噴出するのを防ぐための噴出防止装置を設置する。より深く安全に掘削することが可能となる。石油掘削の一般的方式。ただし、水深二〇〇〇ｍを超す海洋でのライザー掘削システムが発展したのは、ここ一〇年のことである。

**間隙水**　岩石を構成する鉱物の粒子の間や孔隙に存在する流体。海底堆積物でも、もともとは海水であるものが、鉱物との反応で化学成分が変化している。このような反応は、微生物が関与していることがある。

**微化石**　同定に種々の顕微鏡の使用を必要とする、微小な化石の総称（珪藻、有孔虫など）。少量の堆積物サンプルから多数の種類・固体を得ることができるので、その地質学的・環境学的応用が重視されている。

**孔内検層（計測）（ロギング：Borehole Logging）**　孔内の状態を把握するために、船上から掘削孔に特殊な観測機器をワイヤーラインで下ろし、音波（弾性波）や放射線、電磁気等を用いて、地層の間隙率、鉱物組成、熱流量等を計測するほか、孔壁のカラー画像作成や地層内流体を採取すること。コアに比べて、現場のデータをリアルタイムかつ連続的に取得できる利点がある。

**孔内長期観測**　掘削を終えた孔内に観測装置を設置し、地殻内の変動を長期間にわたり観測すること。地震予測への応用が大いに期待される。

**地球深部探査センター（CDEX＝Center for Deep Earth Exploration）**　深海科学掘削船「ちきゅう」を、安全で効率よく運用するための機関。「ちきゅう」の運航計画の立案、技術開発、事前調査、掘削の実施、研究データの管理を行い、新しい地球生命科学の創成をサポートする。独立行政法人海洋研究開発機構のセンターの一つ。

**【第六章】**

**科学諮問組織（SAS＝Science Advisory Structure）**　科学アドバイス組織。IODPに提出されたプロポーザルの評価やランキング、IODPの科学面における中期的な指針の策定等を行う。

**中央管理組織（IODP－MI＝IODP-Management International, Inc.）**　IODP国際計画管理法人。二〇〇三年二月、米国デラウエア州法に基づき営利法人として設立。NSFとの契約により、二〇〇四年四月から業務を受託。本部は米国に（IODP-MI Washington DC）、科学計画立案支援部門は日本（北海道大学キャンパス内）に設置（IODP-MI Sapporo）。

**日本地球掘削科学コンソーシアム（J－DESC＝Japan Drilling Earth Science Consortium）**　二〇〇三年二月に発足。大学・研究機関と賛助会員からなる連合体組織。地球掘削科学に関わる研究計画の立案、研究基盤の構築、普及広報等を担う。IODP部会はSASパネル委員、乗船研究者、IODP－MI理事の推薦を行う。二〇〇四年四月には陸上掘削部会が発足。

**伊豆－小笠原－マリアナ島弧**　太平洋プレートの沈み込みによって形成される海洋島弧であり、東北日本弧のような「成熟した火山弧」に比べると、より玄武岩質マグマの活性度が高く、また地殻が薄い。現行過程として、大陸地殻形成過程が進行している可能性が高く、その詳細を理解するうえで最も適したフィールド。

**ウォーム・ウォーター・プール**　フィリピンの東方にある西太平洋赤道域に蓄積している暖水。地球表面上の最大の熱源となっている。この暖水塊が数年おき（二〜七年）に中央部から東部に移動する現象がエルニーニョである。
http://www.kishou.go.jp/info/hanawa.htm

**ホモ・エレクトス（Homo erectus）**　約一七〇万〜二五万年前にアフリカ・アジア・ヨーロッパに住んでいた人類の種名。一九四八年、ロバート・ブルームらが南アフリカのスワートクランズでホモ・エレクトスの化石を発見。頭蓋容量は八〇〇〜一二〇〇mlで、すでに完全に直立し、石器を作っていた。火を使い、簡単な言葉もしゃべったらしい。*Homo* は、ヒト科ヒト属を表す学名で、ホモ・エレクトスは直立人を意味する。原人とも呼ばれ、北京原人、ジャワ原人もこの仲間である。この人類は実に一五〇万年間も生存し、旧大陸に広く分布したが、その絶滅の原因はわかっていない。多くの研究者は、ホモ・サピエンスはホモ・エレクトスから漸移的に進化したのではなく、別に誕生した種であると考えている。

**ホモ・サピエンス(Homo sapiens)**　約二五万年前から現代までに世界中に住むようになった人類の種名。ホモ・サピエンス発祥の地はアフリカであると考えられている。頭蓋容量は一二〇〇〜一四五〇mlで、複雑な石器製作技術を発達させた。語源は「賢いヒト」で、「新人」とも呼ばれている。ヨーロッパに分布したホモ・サピエンスは、クロマニヨン人とも呼ばれており、見事な壁画を残した。約一万年前から新大陸へと渡っていった。ホモ・サピエンスは、約五万年前から芸術的、宗教的な発展の証拠を残しており、これを文化のビッグバンと呼ぶこともある。一方、ほぼ同時期にネアンデルタール人と呼ばれる人類が存在していた。高度な狩猟人であり、がっちりした身体を持っていた。しかし、芸術的な遺跡はほとんど残していない。ネアンデルタール人を生物学的にはホモ・サピエンスとは別種とする考えが有力で、ホモ・ネアンデルタレンシス（*Homo neanderthalensis*）と呼ばれている。両者は約二万年前まで共存していたが、ネアンデルタール人はその後絶滅した。このようなホモ・サピエンスの発展とネアンデルタール人の消滅、そして環境変動などとの関係は、まだわかっていない。

# 参考文献

【第一章】

●地球科学の歴史は：
今井功・片田正人『地球科学の歩み』（共立出版）一九七八
●ウェゲナーの大陸移動説は：
A・ウェゲナー著、都城秋穂・紫藤文子訳『大陸と海洋の起源――大陸移動説（上下）』（岩波文庫）一九八一
●海洋底拡大説からプレートテクトニクスの誕生までの歴史は：
竹内均・上田誠也『地球の科学』（ＮＨＫブックス）一九六四
上田誠也『新しい地球観』（岩波新書）一九七一
※両書とも、世界でもこれだけ密度高く、地球科学の発展をまとめた本は少ない。ぜひ一読を勧める。
●モホール計画の歴史は：
Bascom,W.,A Hole in the Bottom of the Sea. Doubleday&Company, Inc., New York, 1961.
●国際深海掘削計画についてのエピソードは：
ケネス・J・シュー著、高柳洋吉訳『地球科学に革命を起こした船――グローマー・チャレンジャー号』（東海大学出版）一九九九
ケネス・J・シュー著、岡田博有訳『地中海は沙漠だった――グロマー・チャレンジャー号の航海』（古今書院）二〇〇三
●地球科学の入門一般の本としては：
深尾良夫『地震・プレート・陸と海』（岩波ジュニア新書）一九八五
浜野洋三『地球のしくみ』（日本実業出版社）一九九五
鈴木宇耕『地球って何だろう――環境変動46億年のメッセージ』（ダイヤモンド社）一九九六
鎌田浩毅『地球は火山がつくった――地球科学入門』（岩波ジュニア新書）二〇〇四
浜島書店編集部『最新図表地学』（浜島書店）一九九八
●やや専門的な入門書としては：
酒井治孝『地球学入門――惑星地球と大気・海洋のシステム』（東海大学出版会）二〇〇三

平朝彦編『別冊日経サイエンス、地球のダイナミックス』（日経サイエンス社）一九九一
平朝彦『地質学（1）地球のダイナミックス』（岩波書店）二〇〇一
小林和男『海洋底地球科学』（東京大学出版会）一九七七
河野長『地球科学入門——プレート・テクトニクス』（岩波書店）一九八六
杉村新『グローバルテクトニクス——地球変動学』（東京大学出版会）一九八七
上田誠也『プレート・テクトニクス』（岩波新書）一九八九

【第二章】

●日本列島やプレート沈み込み帯の地球科学に関しては：
藤田和夫『変動する日本列島』（岩波新書）一九八五
平朝彦・中村一明編『日本列島の形成』（岩波書店）一九八六
平朝彦『日本列島の誕生』（岩波新書）一九九〇
斎藤靖二『日本列島の生い立ちを読む』（岩波書店）一九九二
白尾元理・小疇尚・斎藤靖二『グラフィック 日本列島の20億年』（岩波書店）二〇〇一

●やや専門的な入門書としては：
巽好幸『沈み込み帯のマグマ学——全マントルダイナミクスに向けて』（東京大学出版会）一九九五
木村学『プレート収束帯のテクトニクス学』（東京大学出版会）二〇〇二
大竹政和・平朝彦・太田陽子編『日本海東縁の活断層と地震テクトニクス』（東京大学出版会）二〇〇二
平朝彦『地質学（2）地層の解読』（岩波書店）二〇〇四

【第三章】

●地球環境変動に関しての一般的な本としては：
石弘之『地球環境報告』（岩波新書）一九八八
石弘之『地球環境報告Ⅱ』（岩波新書）一九九八
野崎義行『地球温暖化と海——炭素の循環から探

る』（東京大学出版会）一九九四
小泉格『海底に探る地球の歴史』（東京大学出版会）一九八〇
東京大学海洋研究所編『海洋のしくみ』（日本実業出版社）一九九七
川上紳一『縞々学――リズムから地球史に迫る』（東京大学出版会）一九九五
J・インブリー、K・P・インブリー著、小泉格訳『氷河時代の謎をとく』（岩波現代選書）一九八二
蒲生俊敬『海洋の科学――深海底から探る』（NHKブックス）一九九六
●白亜紀の天体衝突事件に関しては：
ウォルター・アルヴァレズ著、月森左知訳『絶滅のクレーター――T・レックス最後の日』（新評論）一九九七
ジェームズ・ローレンス・パウエル著、寺島英志・瀬戸口烈司訳『白亜紀に夜がくる――恐竜の絶滅と現代地質学』（青土社）二〇〇一
●やや専門的な入門書としては：
酒井均・松久幸敬『安定同位体地球化学』（東京大学出版会）一九九六
池谷仙之・北里洋『地球生物学――地球と生命の進化』（東京大学出版会）二〇〇四
【第四章】
●地球の歴史や地球システムを知るには：
W・S・ブロッカー著、斎藤馨児訳『なぜ地球は人が住める星になったか？――現代宇宙科学への招待』（講談社ブルーバックス）一九八八
丸山茂徳・磯崎行雄『生命と地球の歴史』（岩波新書）一九九八
酒井均『地球と生命の起源――火星にはなぜ生命が生まれなかったのか』（講談社ブルーバックス）一九九九
松井孝典他『地球惑星科学入門』（岩波講座　地球惑星科学1）一九九六
東京大学地球惑星システム科学講座編『進化する地球惑星システム』（東京大学出版会）二〇〇四
●地球という星を月との関係でみた次の本は面白い：

ニール・F・カミンズ著、竹内均監修、増田まもる訳『もしも月がなかったら——ありえたかもしれない地球への10の旅』（東京書籍）一九九九
●全地球史解読というプロジェクトの成果は…
熊澤峰夫・伊藤孝士・吉田茂生編『全地球史解読』（東京大学出版会）二〇〇二
熊澤峰夫・丸山茂徳編『プルームテクトニクスと全地球史解読』（岩波書店）二〇〇二
川上紳一『全地球凍結』（集英社新書）二〇〇三

【第五章】

●「ちきゅう」の建造の歴史や経緯および我が国の海洋科学技術の歴史については…
奈須紀幸『海に魅せられて半世紀』（海洋科学技術センター創立30周年記念出版）二〇〇一
平野拓也『余話閑話』（地球科学技術総合推進機構）二〇〇四
木下肇『ちきゅう——蒼い山　青い海』（財団法人地球科学技術総合推進機構）二〇〇五
徳山英一・岡田尚武・平朝彦・木下肇編著『月刊地球　号外№40「深海掘削と新しい地球生命科学——ODPの成果とIODPの展望」』（海洋出版）二〇〇三
平朝彦・末広潔編著『月刊地球　号外№19「21世紀の深海掘削への展望——ODPからOD21へ」』（海洋出版）一九九七
平朝彦編著『月刊地球　号外№6「新しい地球観への挑戦——国際深海掘削計画（ODP）の成果」』（海洋出版）一九九二
●石油開発の一般的なことについては…
藤井清光『石油開発概論』（東京大学出版会）一九七七

【第六章】

●花崗岩や地殻の進化そして火山列島については…
高橋正樹『花崗岩が語る地球の進化』（岩波書店）一九九九
藤岡換太郎・有馬眞・平田大二編著『伊豆・小笠原弧の衝突——海から生まれた神奈川』（有隣新書）二〇〇四

●地震や活断層についての一般的な入門書としては：
尾池和夫『日本地震列島』（朝日文庫）一九九二
阿部勝征『巨大地震――正しい知識と備え』（読売新聞社）一九九七
松田時彦『活断層』（岩波新書）一九九五
島崎邦彦・松田時彦編『地震と断層』（東京大学出版会）一九九四
菊地正幸『リアルタイム地震学』（東京大学出版会）二〇〇三
●地震災害については：
武村雅之『関東大震災――大東京圏の揺れを知る』（鹿島出版会）二〇〇三
産経新聞「巨大地震」取材班『巨大地震が来る！』（産経新聞社）二〇〇四
●地下生物圏、極限環境での生物、そして生命の起源と進化については：
柳川弘志『生命の起源を探る』（岩波新書）一九八九
長沼毅『深海生物学への招待』（ＮＨＫブックス）一九九六
藤崎慎吾・田代省三・藤岡換太郎『深海のパイロット――六五〇〇ｍの海底に何を見たか』（光文社新書）二〇〇三
Ｌ・マルグリス、Ｄ・セーガン著、田宮信男訳『ミクロコスモス――生命と進化』（東京化学同人）一九八九
Ｄ・Ａ・ワートン著、堀越弘毅・浜本哲郎訳『極限環境の生命――生物のすみかのひろがり』（シュプリンガー・フェアラーク東京）二〇〇四
大島泰郎『生命は熱水から始まった』（東京化学同人）一九九五
トーマス・ゴールド著、丸武志訳『未知なる地底高熱生物圏――生命起源説をぬりかえる』（大月書店）二〇〇〇
古賀洋介・亀倉正博編『古細菌の生物学』（東京大学出版会）一九九八
●メタンハイドレートは：
松本良・奥田義久・青木豊『メタンハイドレート――21世紀の天然ガス資源』（日経サイエンス社）一九九四

●気候変動や人類の進化、文明の盛衰は…
T・E・グレーデル、P・J・クルッツェン著、松野太郎監修『気候変動――21世紀の地球とその後』（日経サイエンス）一九九七
木村有紀『人類誕生の考古学』（同成社）二〇〇一
ブライアン・フェイガン著、東郷えりか訳『古代文明と気候大変動』（河出書房新社）二〇〇五
ウィリアム・ライアン、ウォルター・ピットマン著、戸田裕之訳『ノアの洪水』（集英社）二〇〇三
●また、環境と文明の関係においては、安田喜憲氏の一連の著作が興味深い。

【第七章】
●マントルへの到達はアポロ計画に匹敵するだろう…
アンドルー・チェイキン著、亀井よし子訳『人類、月に立つ　上下』（NHK出版）一九九九
●最後に、宇宙的な視点から地球や人類を眺める本を二つあげておく。地下への探求で得られた知識は宇宙へと、また宇宙で得られた知識は地球の理解へとフィードバックされるからである…
長沼毅『生命の星・エウロパ』（NHKブックス）二〇〇四
スティーブン・ウェッブ著、松浦俊輔訳『広い宇宙に地球人しか見当たらない50の理由』（青土社）二〇〇四

# 図の出典および作者一覧

引用のないものは、著者が種々の情報をまとめて作った原図である。

【口絵】
1ページ　海洋研究開発機構提供
2〜3ページ　山本富士夫作成
4〜5ページ　山本富士夫作成
① 海洋研究開発機構提供
② 海洋研究開発機構提供
③ 平朝彦撮影
④ 藤岡換太郎提供
⑤ 山本富士夫作成
⑥ 山本富士夫作成
⑦ ＮＡＳＡ提供
⑧ http://www.bio2.edu/ より
⑨ ＯＤＰ(Joint Oceanographic Institution)提供
⑩ 山本富士夫作成

【第一章】
図1-1　ウェゲナー（参考文献を参照）の図に加筆
図1-3　Maxwell 他 (1970)Science, 168, 1047-1059 より。
図1-5ａ　ＩＯＤＰ（東京大学海洋研究所）提供
図1-5ｂ　ＯＤＰ（東京大学海洋研究所）提供
図1-6　Jackson 他 (1972)Geol. Soc. Amer. Bull., 83, 601-618 に加筆。
図1-7　『最新図表地学』（参考文献を参照）の18ページの図に加筆。レイキャネス海嶺の地磁気縞模様は、Heirzler 他 (1968)Jour. Geophys. Res, 73, 2119-2136 による。

【第二章】
図2-1　『最新図表地学』の22ページの図に加筆。データは東北大学地震観測センターによる。
図2-3　阿部勝征『巨大地震』（参考文献参照）の図に理科年表のデータを加えて加筆した。プレート境界は、大竹政和・平朝彦・太田陽子編

『日本海東縁の活断層と地震テクトニクス』（参考文献参照）の図による。
図2-4　平朝彦『日本列島の誕生』（参考文献参照）より。

【第三章】
図3-2　江口暢久・木元克典提供
図3-3　Raymo(1994)Ann. Rev. Earth Planet. Sci., 22, 353-383による。
図3-4　ODP（テキサスA&M大学）提供に加筆修正。

【第四章】
図4-1　平朝彦編『別冊日経サイエンス、地球のダイナミックス』（参考文献参照）に加筆。

【第五章】
図5-2　海洋研究開発機構提供
図5-4　海洋研究開発機構提供
図5-6　海洋研究開発機構提供
図5-7　高知大学海洋コア総合研究センター提供

【第六章】
図6-3　Parkes他(1994)Nature, 371, 410-413による。
図6-4　古賀洋介・亀倉正博編『古細菌の生物学』（参考文献参照）の図を簡略化
図6-5　高井研提供
図6-6　写真はMH21Research Consortium JAPANホームページより。メタンハイドレートの構造は平朝彦『地質学（2）地層の解読』（参考文献参照）の図より（原図はHitchon (1974)より）。
図6-7　Prell and Niitsuma(1989) Proceedings of ODP, Initial Report, 117より。

【コラム執筆者】
1-1　齋藤常正（東北大学名誉教授）
2-1　鳥居雅之（岡山理科大学教授）
3-1　多田隆治（東京大学教授）
5-1　平野拓也（海洋研究開発機構前理事長）

5-2　田村義正（地球深部探査センター技術開発室長）
5-3　黒木一志（地球深部探査センター科学計画室科学支援グループサブリーダー）
5-4　池原実（高知大学助手）
7-1　Millard F. Coffin（東京大学教授）
7-2　沖野郷子（東京大学助教授）
7-3　毛利衛（日本科学未来館館長）

平朝彦（たいらあさひこ）
専門は地質学。著書に『日本列島の誕生』（岩波新書）、『地質学（1）地球のダイナミックス』『地質学（2）地層の解読』（以上、岩波書店）など。
徐垣（SOU FON）
専門は地質学。著書に『岩波講座　地球惑星科学（9）地殻の進化』など。
末廣潔（すえひろきよし）
専門は地球物理学。著書に『岩波講座　地球惑星科学（4）地球の観測、（8）地殻の形成』（共著）など。
木下肇（きのしたはじむ）
専門は地球物理学。著書に『地球の探究』（共著、朝倉書店）、『ちきゅう』（地球科学技術総合推進機構）など。

# 地球《ちきゅう》の内部《ないぶ》で何《なに》が起《お》こっているのか？

2005年7月20日初版1刷発行

著　者 ― 平朝彦　徐垣
末廣潔　木下肇
発行者 ― 古谷俊勝
装　幀 ― アラン・チャン
印刷所 ― 萩原印刷
製本所 ― 関川製本
発行所 ― 株式会社光文社
東京都文京区音羽1　振替00160-3-115347
電　話 ― 編集部03(5395)8289　販売部03(5395)8114
業務部03(5395)8125
メール ― sinsyo@kobunsha.com


2005 Printed in Japan ISBN 4-334-03314-8

光文社新書

197 経営の大局をつかむ会計　健全な"ドンブリ勘定"のすすめ　山根節

198 営業改革のビジョン　失敗例から導く成功へのカギ　高嶋克義

199 日本《島旅》紀行　斎藤潤

200 「大岡裁き」の法意識　西洋法と日本人　青木人志

201 発達障害かもしれない　見た目は普通の、ちょっと変わった子　磯部潮

202 強いだけじゃ勝てない　関東学院大学・春口廣　松瀬学

203 名刀　その由来と伝説　牧秀彦

204 古典落語ＣＤの名盤　京須偕充

205 世界一ぜいたくな子育て　欲張り世代の各国「母親」事情　長坂道子

206 金融広告を読め　どれが当たりで、どれがハズレか　吉本佳生

207 学習する組織　現場に変化のタネをまく　高間邦男

208 英語を学べばバカになる　グローバル思考という妄想　薬師院仁志

209 住民運動必勝マニュアル　迷惑住民、マンション建設から巨悪まで　岩田薫

210 なぜあの人とは話が通じないのか？　非・論理コミュニケーション　中西雅之

211 リピーター医師　なぜミスを繰り返すのか？　貞友義典

212 世界一旨い日本酒　熟成と燗で飲《や》る本物の酒　古川修

213 日本とドイツ　二つの戦後思想　仲正昌樹

214 地球の内部で何が起こっているのか？　平朝彦　徐垣　末廣潔　木下肇

215 現代建築のパースペクティブ　日本のポスト・ポストモダンを見て歩く　五十嵐太郎

216 沖縄・奄美《島旅》紀行　斎藤潤